AF899195

GUSSPUTZEN MIT SENSORGEFÜHRTEN PROGRAMMIERBAREN HANDHABUNGSGERÄTEN

VON DER FAKULTÄT FERTIGUNGSTECHNIK
DER UNIVERSITÄT STUTTGART ZUR ERLANGUNG
DER WÜRDE EINES DOKTOR-INGENIEURS
(DR.-ING.) GENEHMIGTE ABHANDLUNG

VORGELEGT VON

DIPL.-ING. EBERHARD ABELE

AUS WISSGOLDINGEN

HAUPTBERICHTER: PROF. DR.-ING. H.-J. WARNECKE

MITBERICHTER: PROF. DR.-ING. J. LOOMAN

TAG DER EINREICHUNG: 5. OKTOBER 1982

TAG DER MÜNDLICHEN PRÜFUNG: 22. FEBRUAR 1983

Eberhard Abele

Gußputzen mit sensorgeführten, programmierbaren Handhabungsgeräten

Mit 66 Abbildungen

Springer-Verlag
Berlin Heidelberg New York Tokyo 1983

Dipl.-Ing. Eberhard Abele

Fraunhofer-Institut für Produktionstechnik und Automatisierung (IPA), Stuttgart

Dr.-Ing. H. J. Warnecke

o. Professor an der Universität Stuttgart
Fraunhofer-Institut für Produktionstechnik und Automatisierung (IPA), Stuttgart

D 93

ISBN-13: 978-3-540-12651-5 e-ISBN-13: 978-3-642-47932-8

DOI: 10.1007/978-3-642-47932-8

Gesamtherstellung: Copydruck GmbH, Offsetdruckerei, Industriestraße 1-3, 7251 Heimsheim, Telefon 0 70 33/38 25-26

2362/3020-543210

Geleitwort des Herausgebers

Die Entwicklungen in der Produktionstechnik in den letzten Jahrzehnten haben entscheidend zur positiven wirtschaftlichen und sozialen Entwicklung in der Bundesrepublik Deutschland beigetragen. Die Produktivität konnte jedes Jahr um durchschnittlich etwa 3,5 % gesteigert werden. Mechanisierung und Automatisierung wurden und werden stetig weiter vorangetrieben. Während es sich bisher jedoch um Verbesserungen an einzelnen Maschinen und Anlagen sowie Verfahren handelte, werden heute alle Unternehmensbereiche erfaßt, und man ist bemüht, das gesamte System Unternehmen bzw. Produktionsbetrieb zu optimieren. Das klassische Bemühen um Optimierung des Einsatzes und Zusammenwirkens der Produktionsfaktoren Mensch, Maschine und Material muß heute erweitert werden um die Berücksichtigung sozialer Belange, gesetzlicher Auflagen, Probleme der Energieversorgung , schnellen Veränderungen an den Produkten und auf den Märkten sowie Sicherung der Qualität und der Lieferfähigkeit.

Von wissenschaftlicher Seite wird und muß dieses Bemühen unterstützt werden durch die Entwicklung von Methoden und Vorgehensweisen zur systematischen Analyse und Verbesserung des Systems Produktionsbetrieb. Hier ist heute insbesondere auch der Fertigungsingenieur gefordert, nicht nur einzelne Maschinen und Verfahren zu beherrschen, sondern das gesamte komplexe System hinsichtlich der Verknüpfung seiner Elemente durch zweckmäßigen Informations- und Materialfluß. Beispielhaft seien dazu nur hinsichtlich des Informationsflusses die heute gegebenen Möglichkeiten der Datenerfassung und -verarbeitung in Fertigungsplanung und -steuerung an den einzelnen Produktionsanlagen sowie im Qualitätswesen genannt. Im Materialfluß geht es um richtige Auswahl und Einsatz von Fördermitteln, Förderhilfsmitteln sowie Anordnung und Ausstattung von Lägern. Der weiteren Automatisierung in der Handhabung von Werkstücken und Werkzeugen sowie der Montage von Produkten wird in nächster Zukunft allergrößte Aufmerksamkeit geschenkt werden. Leistungsfähige Sensoren werden die Möglichkeiten dafür sehr stark vergrößern.

Die beiden vom Herausgeber geleiteten Institute, das Institut für Industrielle Fertigung und Fabrikbetrieb der Universität Stuttgart sowie das Fraunhofer-Institut für Produktionstechnik und Automatisierung in Stuttgart, arbeiten in grundlegender und angewandter Forschung intensiv an den aufgezeigten Entwicklungen in der Produktionstechnik mit. Zur Umsetzung gewonnener Erkenntnisse wird die Schriftenreihe "IPA Forschung und Praxis" herausgegeben. Der vorliegende Band setzt diese Reihe fort, eine Übersicht über bisher erschienene Titel wird am Schluß dieses Bandes gegeben.

Dem Verfasser sei für die geleistete Arbeit gedankt, dem Springer-Verlag für die Aufnahme dieser Schriftenreihe in seine Angebotspalette und der Druckerei für saubere und zügige Ausführung.Möge das Buch von der Fachwelt gut aufgenommen werden.

Hans-Jürgen Warnecke

Vorwort

Die vorliegende Arbeit entstand während meiner Tätigkeit als wissenschaftlicher Mitarbeiter am Fraunhofer-Institut für Produktionstechnik und Automatisierung (IPA), Stuttgart.

Mein besonderer Dank gilt dem Leiter des Instituts, Herrn Prof. Dr.-Ing. H.-J. Warnecke, für seine großzügige Unterstützung und Förderung, die entscheidend zur erfolgreichen Durchführung dieser Arbeit beigetragen haben.

Herrn Prof. Dr.-Ing. J. Looman danke ich für die Übernahme des Korreferats und für die vielen wertvollen Hinweise, die sich daraus ergaben.

Aus dem großen Kreis der Kollegen des Instituts, die mich durch ihre Mitarbeit und anregende Kritik unterstützt haben, möchte ich die Herren Dipl.-Ing.(FH) H. Halm, Dr.-Ing. R.D. Schraft, Dr.-Ing. M. Schweizer sowie Dipl.-Ing. W. Sturz besonders erwähnen.
Ihnen allen gilt mein besonderer Dank.

Stuttgart 1983 Eberhard Abele

INHALTSVERZEICHNIS

Seite

Seite

0 Abkürzungen und Formelzeichen

A_c	mm^2	Zerspanungsquerschnitt
A_g	mm^2	Gratquerschnittsfläche
A_k	mm^2	Kontaktfläche
A_K	mm^2	Kolbenfläche
AB		Konturabschnitt
AC		Adaptive Control
ACC		Adaptive Control Constraint
ACO		Adaptive Control Optimization
A/D		Analog / Digital
Al		Aluminium
$\vec{B}$	N, Nm	Belastungsvektor
B	N/mm^2	Biegesteifigkeit
b	mm	Breite
b_a	mm	Auflagenbreite
b_c	mm	Schnittbreite
b_g	mm	Gratfußbreite
c	N/mm	Federkonstante
c_R	N/mm	Federrate
c_{Mx}	Nm/rad	Federkonstante (Belastung mit M_x)
C		Transformationsmatrix
CNC		Computer Numerical Control
CP		Continous Path (Bahnsteuerung)
D		Dämpfungsfaktor
DEC		Digital Equipment Company
D/A		Digital / Analog
DMS		Dehnmeßstreifen
d	mm	Durchmesser

d_N	mm	Nabendurchmesser
d_s	mm	Schleifscheibendurchmesser
E	N/mm^2	Elastizitätsmodul
e	mm	Auslenkung der Messfeder
F	N	Kraft
F_A	N	Abdrängkraft
F_N	N	Normalkraft
F'_N	$\frac{N \cdot s}{mm^3}$	bezogene Normalkraft
F_S	N	Schnittkraft
F_T	N	Tangentialkraft
FEM		Finite-Elemente-Methode
f	Hz	Eigenfrequenz
G		Abtragsverhältnis
G-AlSi		Aluminium-Gußlegierung
GGG		Grauguß (globular)
GGL		Grauguß (laminar)
GS		Stahlguß
GT		Temperguß
H		Kopplungsmatrix
H^{-1}		Entkopplungsmatrix
H^T		transponierte Kopplungsmatrix
H^I		inverse Kopplungsmatrix
h	mm	Höhe
h_g	mm	Grathöhe
h_w	mm	Abtragstiefe am Werkstück
HF		Hochfrequenz
HSS		Hochleistungsschnellstahl
I	A	Strom
IEC		International Electronical Commission

K		Koordinatensystem
k		allgemeine Konstante
k_s	N/mm²	spezifische Schnittkraft
k_W	mm	Werkzeugkorrektur
LSI		Rechnertyp der Fa. DEC
l	mm	Länge
l_a	mm	Abstand der Wegaufnehmer
l_W	mm	Bearbeitungslänge
M	Nm	Moment
MKA		Mehrkomponentenaufnehmer
MIOS		Modulares Ein/Ausgabesystem
n	s^{-1}	Drehzahl
n_s	s^{-1}	Schleifscheibendrehzahl
NC		Numerical Control
NE		Nichteisenmetall
P	kW	Leistung
p	bar	Druck
P_i		Punkt (i=Indize)
P_R		Drehpunkt
P_S	kW	Schnittleistung
PHG		Programmierbares Handhabungsgerät
PTP		Punkt zu Punkt-Steuerung
PT_2		Verzögerungsglied 2.Ordnung
Q-Bus		Rechnerbus der Fa. DEC
R	Ω	Widerstand
Re		Regelabweichung
r_W	mm	Werkzeugradius

$\vec{S}$		Signalvektor eines MKA
s	mm	Weg
T_1	s	Zeitkonstante
T_A	mm	Aufspanntoleranz
T_F	mm	Formtoleranz
TK		Temperaturkompensation
TTL		Transistor-Transistor-Logik
T_p	mm	Positionsstreubreite
T_v	mm	elastische Verlagerung
T_{wr}	mm	radialer Werkzeugverschleiß
t	s	Zeit
U	V	Spannung
UP		Unterprogramm
u	mm/s	Vorschubgeschwindigkeit
$\vec{U}$		Signalvektor
V_W	mm^3	Zerspanvolumen
v	mm/s	Geschwindigkeit
v_s	m/s	Schnittgeschwindigkeit
WST		Werkstück
WWV		Werkzeugwechselvorrichtung
WZG		Werkzeug
w	mm	elastische Auslenkung des Werkzeuges
X_i ; Y_i		Koordinaten der Abtastpunkte
x ; y ; z		allg. Koordinaten eines kartesischen Koordinatensystems

Griechische Buchstaben

α, β, γ	grd	Drehwinkel der PHG-Achsen
ξ		Dehnung
μ		Reibungsfaktor
σ	N/mm^2	Spannung
σ_b	N/mm^2	Biegespannung
σ_z	N/mm^2	Zugspannung
θ	$kg\ m^2$	Trägheitsmoment
Δ		Differenz
φ	grd	Anstellwinkel
$\varkappa$	grd	Winkel zwischen Abtast- und Normalenrichtung
ν	grd	Flankenwinkel

Mehrfach benutzte Indizes

A	Abtasten
b	Biegung
E	Eingriffspunkt (Kraftangriffspunkt)
el	elastisch
F_x	bezogen auf Kraft in x-Richtung
m	mittel
i,j	Zählindex
int	interpoliert
max	maximal
min	minimal
MW	Werkzeugmittelpunkt
MSe	Aufnehmermittelpunkt
n	Nennwert
P	Programmierung
PHG	PHG-bezogen

Ra	Raumfest
Se	Sensor
w	Werkzeug
x	in x-Richtung
y	in y-Richtung
z	in z-Richtung
zul.	zulässig

1 Einleitung

1.1 Problemstellung

Innerhalb der Entwicklung des Gießereiwesens wurden Rationalisierungsmaßnahmen vorwiegend in der Formerei, Kernmacherei und bei dem eigentlichen Gießprozeß durchgeführt. Entsprechende Schritte zur Automatisierung der Gußputzerei wurden insbesondere in der Mittel- und Kleinserienfertigung kaum unternommen, so daß dieser Fertigungsbereich sehr arbeitsintensiv ist und entsprechend hohe Personalkosten verursacht.

Die Arbeitsbedingungen in der Gußputzerei sind neben der körperlichen Beanspruchung durch gleichzeitig belastende Umweltfaktoren wie Lärm, Hitze, Staub und Vibration gekennzeichnet /1/. Arbeitsmedizinische Untersuchungen in Gußputzereien zeigen, daß durch das Handhaben der Werkstücke und durch das Anpressen des Werkzeuges oft die Grenze der physischen Belastbarkeit erreicht ist. Unfallstatistiken weisen den Betriebsbereich "Gußputzen", in dem derzeit in der Bundesrepublik Deutschland ca. 36 000 Menschen beschäftigt sind, als das Arbeitsgebiet mit der höchsten Unfallhäufigkeit (180 Unfälle pro 1000 Lohnempfänger und Jahr) aus /2/. Somit muß neben dem wirtschaftlichen Zwang auch aus humanitären Gründen eine Automatisierung der Gußputzerei angestrebt werden.

Die wichtigsten Aufgaben, die heute in der Gußputzerei durchgeführt werden, umfassen das Abtrennen des Angußsystems, das Entkernen sowie das Entfernen von Graten an Formteilung und Kernlagerung. Der am Gußwerkstück anfallende Putzaufwand ist abhängig sowohl von dem angewandten Gießverfahren, als auch von den funktionalen, ästhetischen und sicherheitstechnischen Anforderungen an die Werkstückoberfläche.

Der Grat entsteht durch eine Unvollkommenheit der Formtechnik, durch Modellverschleiß und variierende Schmelze. Durch entsprechenden Mehraufwand bei der Modellherstellung, beim Formen und beim eigentlichen Gießprozeß kann die Gratentstehung zwar verringert, aber, wie verschiedene Untersuchungen zeigen /1, 3/, bei wirtschaftlichen Rahmenbedingungen nicht verhindert werden.

Die zur Beseitigung von Bearbeitungsgraten häufig eingesetzten thermischen oder elektrochemischen Entgratverfahren /4/ können wegen der relativ geringen Abtragsleistung nur sehr begrenzt in der Gußputzerei eingesetzt werden.

Der Einsatz von Sondermaschinen erlaubt bei der Großserienproduktion heute ein teilweise automatisches Entgraten durch Schleifen, Räumen oder Schnittentgraten. Die Anwendungen derartiger Sondermaschinen, die oft nur für einen Werkstücktyp konzipiert sind und somit wenig Flexibilität aufweisen, sind vorwiegend auf gut zugängliche,in der Ebene verlaufende Gratkonturen beschränkt. Es gibt somit bisher in der Praxis noch kein automatisches Entgratverfahren, das dem manuellen Verfahren hinsichtlich Flexibilität und Arbeitsergebnis nahekommt.

Diese Tatsache führte in den letzten Jahren zu neuen technischen Ansätzen für das automatische Putzen von Gußteilen. Neben dem Einsatz von Manipulatoren /1/ und speziell für das Gußputzen entwickelten 5-achsigen Fräsmaschinen /5, 6/ erscheint, wie erste Einsatzfälle zeigen, der Einsatz von programmierbaren Handhabungsgeräten (PHG) für eine Vielzahl von Aufgaben in der Gußputzerei geeignet /7/. Ein großes Problem stellen dabei die für das Gußwerkstück charakteristischen Toleranzen und die variierenden Gratquerschnitte dar.

1.2 Zielsetzung und Vorgehensweise

In der Bundesrepublik sind derzeit (Stand: Dez.1982) ca. 35oo programmierbare Handhabungsgeräte (PHG) installiert, wovon nur ca. 15 Geräte zum Gußputzen und Entgraten eingesetzt werden /8/. Für eine Erweiterung des Anwendungsbereiches müssen elastische Werkzeugaufhängungen und Sensoren zum Ausgleich der auftretenden Toleranzen entwickelt werden.

Aufbauend auf einer Analyse des Werkstückspektrums und der Bearbeitungsverfahren in verschiedenen Gußputzereien sollen zunächst werkstück- und werkzeugspezifische Toleranzen aufgezeigt und daraus Anforderungsprofile für Sensoren und elastische Werkzeugaufhängungen abgeleitet werden. Durch die Realisierung und Erprobung einiger elastischer Werkzeugaufhängungen kann die Anwendungsgrenze derartiger passiver Teilsysteme aufgezeigt werden.

Zur Konzeption sensorgeführter Gußputzsysteme müssen sowohl mögliche Meßgrößen im Hinblick auf ihre meßtechnische Erfaßbarkeit und Aussagefähigkeit als auch Stellgrößen im Hinblick auf ihre praktische Anwendbarkeit bewertet werden. Diese Vorgehensweise soll zu einer systematischen Darstellung und Bewertung der möglichen Bearbeitungsstrategien von sensorgeführten Gußputzsystemen führen.

Ziel der Arbeit ist es, für geeignete technologische und geometrische Meßgrößen Meßprinzipien herzuleiten sowie den Anforderungsprofilen entsprechende Aufnehmer und Methoden zur Signalverarbeitung zu entwickeln. Die Funktion und die Leistungsfähigkeit der entwickelten Sensoren sollen an unterschiedlichen Gußwerkstücken untersucht werden. Dadurch sollen werkstückspezifische Einsatzvoraussetzungen für verschiedene Sensorsysteme aufgezeigt und der Anwendungsbereich von Sensoren und elastischen Werkzeugaufhängungen abgegrenzt werden, so daß eine Hilfestellung für die Erweiterung eines neuen Einsatzgebietes für PHG erreicht wird.

2 Ausgangssituation

2.1 Stand der Technik

2.1.1 Programmierbare Handhabungsgeräte

Industrieroboter, hier als PHG bezeichnet, sind nach einer von WARNECKE/SCHRAFT /9/ vorgeschlagenen Definition "in mehreren Bewegungsachsen frei programmierbare, mit Greifern oder Werkzeugen ausgerüstete, automatische Handhabungseinrichtungen, die für den industriellen Einsatz konzipiert sind."

Die Bearbeitungsaufgaben der zum Gußputzen und Entgraten eingesetzten PHG beschränken sich bis heute fast ausschließlich auf Werkstücke mit geringen Formtoleranzen, kleinen Gratquerschnitten und niedrigen Anforderungen an die Entgratqualität /7/. Werkzeugverschleiß und Werkstücktoleranzen werden durch die Nachgiebigkeit des PHG oder über eine einfache, elastische Werkzeugaufhängung ausgeglichen /10/. Oftmals ist dadurch der Anwendungsbereich des PHG auf bestimmte Konturabschnitte begrenzt, so daß eine erhebliche manuelle Nacharbeit notwendig ist /11, 12/.

Die Programmierung der Werkstückkontur erfolgt im sogenannten Teach-in-Verfahren durch Anfahren und Abspeichern einer Vielzahl von Konturpunkten /10/. Weniger aufwendige Programmierverfahren sind beim Gußputzen und Entgraten heute in der Praxis noch nicht eingesetzt. Zukünftig ist jedoch mit PHG zu rechnen, die sowohl bei dem Programmierverfahren, dem kinematischen Aufbau als auch der Steuerung die speziellen Anforderungen der Gußputzerei berücksichtigen werden /13/. Mehrere in der Einführungsphase befindliche adaptive Steuerungssysteme ermöglichen eine Beeinflussung der Werkzeugbahn und der Bahngeschwindigkeit. Hierzu ist eine Sensorschnittstelle zum Anschluß einfacher, schaltender Sensoren vorgesehen /14/.

2.1.2 Sensoren

Im Hinblick auf eine Integration des Sensors in ein PHG ist in /36/ definiert: "Sensoren dienen zum Erfassen stochastischer Einflüsse im Umfeld des PHG, zum Messen physikalischer Größen sowie zur Muster- und Lageerkennung".

Sensoren in obigem Sinne wurden im Laufe der letzten Jahre für eine Vielzahl von meß- und steuerungstechnischen Aufgaben entwickelt /16/. Eine Anwendung in der Praxis erreichten bis heute jedoch vorwiegend visuelle Sensoren zur Mustererkennung /17/, einfache Kraftsensoren zur Fügekraftüberwachung /16/ und Sensoren zur Schweißnahtverfolgung /18/.

Im Rahmen des PHG-Einsatzes beim Gußputzen und Entgraten haben Entwicklungen von sogenannten taktilen Sensoren /15/ zur Erfassung der Schnittkräfte und der Oberflächengeometrie besondere Bedeutung erlangt.

Die Entwicklung von Sensoren für Schnittkräfte reicht in ihren Anfängen bis zum Beginn dieses Jahrhunderts zurück. PAHLITZSCH und SPUR /19/ geben einen zusammenfassenden Überlick über die bis etwa 1960 veröffentlichten Ergebnisse auf diesem Gebiet.

Im Laufe der Entwicklung wurden diese Aufnehmer an Werkzeugmaschinen zunächst zur Untersuchungen der Schnittkräfte beim Bohren /19, 20/, Fräsen /21/, Schleifen /22/ und Drehen /23/ angewendet. Mit der Entwicklung der NC-Technik wurden dann einfache Kraft- und Momentsensoren für die Prozeßüberwachung eingesetzt. Nachdem 1960 die ersten Adaptive-Control (AC)-Systeme zum Einsatz kamen, wurden vorwiegend in Europa und in den USA Schnittkraftsensoren für verschiedene Fertigungsverfahren und Bearbeitungsstrategien /21, 22/ für den industriellen Einsatz entwickelt. Bei der Entwicklung von Kraft- und Momentaufnehmern für PHG konnten zwar die grundlegenden Erfahrungen aus dem Werkzeugmaschinenbereich übernommen werden, jedoch waren Anzahl der Kraftkomponenten, Meßbereich, Größe und Gewicht des Aufnehmers für den Einsatz an PHG nicht geeignet, so daß spezielle Sensoren in mehreren Forschungsinstituten entwickelt wurden.
Ab 1970 wurde zunächst in den USA begonnen,Mehrkomponenten-Aufnehmer (MKA) für PHG im Hinblick auf eine adaptive Steuerung zu entwickeln /24, 25, 26, 27/. Dabei wurden vorwiegend Dehnmeßstreifen oder induktive Aufnehmer zur Meßwertwandlung verwendet.

Die Anforderung an Universalität bezüglich der zu messenden Kraftkomponenten und der Einbaulage des Aufnehmers führte in den letzten Jahren zu der Entwicklung von 6-Komponenten-Aufnehmern /15, 28, 29/. Gemeinsam ist diesen Aufnehmern, daß sie elastische Verformungen eines Biegebalkens mittels Dehnmeßstreifen (DMS) erfassen.
SCHWEIZER /15/ entwickelte einen Kraft- und Momentaufnehmer mit auswechselbaren Blattfedern und führte den Nachweis, daß die Übernahme von sensorischen Fähigkeiten des Menschen durch ein PHG mit einem Kraft- und Momentsensor prinzipiell möglich ist. Die in /30/ beschriebene Integration eines MKA in ein in der Praxis eingesetztes PHG zeigt, daß derartige Sensoren eine Programmierunterstützung ermöglichen.

Die erwähnten Arbeiten beschränken sich meist auf die Darstellung der Entwicklung des Aufnehmers und der Kalibrierungseinrichtung /28, 29/. Dagegen wurde in keiner der Arbeiten eine systematische Darstellung der möglichen Strategien zur Signalverarbeitung aufgezeigt.

Die oben genannten Sensoren für PHG sind zur Zeit noch Gegenstand der Forschung und Entwicklung. Der einzige mehrfach in der Praxis eingesetzte Sensor basiert auf einem Einkomponenten-Kraftaufnehmer, der nach dem magnetoelastischen Prinzip arbeitet /31/. Mit Hilfe dieses Sensors wird die Werkstückkontur vom PHG angetastet und dabei die neue Bahn um den Betrag des radialen Werkzeugverschleißes und der Formabweichung in der Antastrichtung verschoben. Da dieser Sensor die variierende Gratausprägung nicht berücksichtigt und keine Prozeßüberwachung ermöglicht, ist der Anwendungsbereich begrenzt.

Taktile Sensoren zur Erfassung der Oberflächengeometrie von gratbehafteten Gußwerkstücken wurden bisher im Labor oder in der Praxis noch nicht angewendet. Taktile Sensoren wurden jedoch für ähnliche Aufgabenstellungen aus dem Bereich Form- und Lageerkennung entwickelt. Eine Gemeinsamkeit dieser Sensoren ist, daß sie mit zeilen- oder matrixförmig angeordneten Wegaufnehmern die Oberfläche des Werkstückes abtasten /32, 33/. Die kontinuierliche Auswertung der Sensorsignale führt insbesondere bei matrixförmiger Anordnung zu einem hohen Datenanfall und zu komplexen Verarbeitungsalgorithmen /33/.

In /32/ wird mit Hilfe zeilenförmig angeordneter Wegmeßsysteme die Kontur einer Karosserie im Bereich der Schweißnaht abgetastet. Durch eine umfangreiche Geometriedatenverarbeitung wird aus den gewonnenen Meßwerten eine optimale Werkstückkontur und die daraus resultierende optimale Werkzeugbahn zum Verschleifen der Schweißnaht berechnet. Dieses System wurde in die CNC-Steuerung eines PHG integriert und hat sich in dem aufgezeigten Anwendungsfall bewährt.

Die aufgeführten Arbeiten zeigen, daß eine Vielzahl von Sensoren für eine spezielle Aufgabe oder für einen universellen Anwendungsbereich entwickelt wurde. Dadurch konnten die für das Anwendungsgebiet "Gußputzen" notwendigen Anforderungen bei der Entwicklung des Aufnehmers und der Signalverarbeitung nicht ausreichend berücksichtigt werden. Diese Anforderungen sollen im folgenden aus der Analyse eines typischen Werkstückspektrums und der erforderlichen Bearbeitungsaufgaben abgeleitet werden.

2.2 Analyse des Istzustandes in der Gußputzerei

2.2.1 Werkstückspektrum

Die in der Gußputzerei durchzuführenden Aufgaben sind entsprechend dem Produktionsprogramm der Gießerei sehr vielfältig und unterschiedlich, so daß nur über eine systematische Erfassung eines umfangreichen Werkstückspektrums und der anfallenden Bearbeitungsaufgaben Ansatzpunkte für eine Automatisierung der Gußputzerei gefunden werden können.

Grundlage der vorliegenden Arbeit ist deshalb eine Analyse von 146 Gußwerkstücken, die in 11 Gießereibetrieben nach dem Kriterium "größter manueller Putzaufwand/Monat" ausgewählt wurden. In der Analyse wurden die wichtigsten grat- und werkstückanalytischen Daten, die die Auslegung eines automatischen Gußputzsystemes beeinflussen, erfaßt. Da die Putzaufwendungen in Abhängigkeit von dem Gußwerkstoff variieren, wurde der Auswahl des Werkstückspektrums eine repräsentative Verteilung /3/ der Gußwerkstoffe zugrunde gelegt.
Bild 1 zeigt ein typisches Gußwerkstück mit den wichtigsten Bezeichnungen am Grat sowie am Anschnittsystem (siehe /4/).

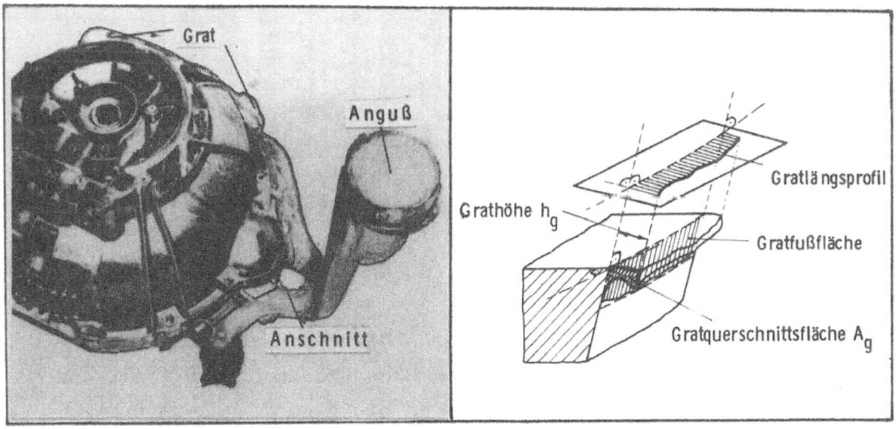

Bild 1: Bezeichnungen am Gußwerkstück und am Grat

Aus der Reihe der werkstückbezogenen Daten sind für die Festlegung der Anforderungen und für die Auslegung eines automatischen Gußputzsystems insbesondere das Werkstückgewicht, die Art der Bearbeitungsaufgaben, die Vorgabezeit für Verputzen, Losgröße, Werkstoff und die Lage der Bearbeitungsflächen sowie die Grataus-prägung wichtig.

Bild 2 zeigt die durchschnittliche Vorgabezeit für Gußputzarbeiten in Abhängigkeit des Gußteilgewichtes. Die relative Standardabweichung der Vorgabezeiten liegt in den einzelnen Gewichtsklassen zwischen 25 % und 68 %. Diese breite Streuung des Putzaufwandes in den verschiedenen Gießereien ist zurückzuführen auf das unterschiedliche Gußprogramm, verschiedene Fertigungsverfahren und auf variierende kundenspezifische Abnahmebedingungen.

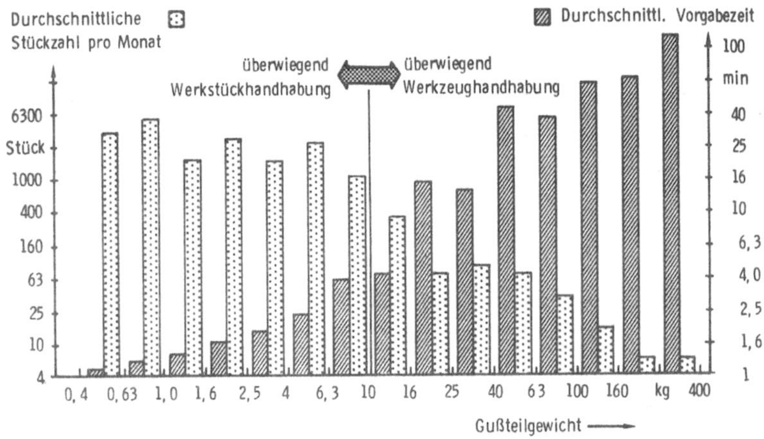

Bild 2: Klassifizierung des untersuchten Werkstückspektrums

Wie Bild 2 zeigt, ist in den unteren Gewichtsklassen der durchschnittliche Putzaufwand durch die hohe Stückzahl pro Monat und bei den oberen Gewichtsklassen durch die hohe Vorgabezeit bestimmt. Da in den oberen Gewichtsklassen fast ausschließlich Sandguß verwendet wird, der durch starke Gratbildung an Formteilung und Kernlagerung gekennzeichnet ist, ist hier ein sehr hoher Putzaufwand pro Werkstück zu verzeichnen. Bei dem über-

wiegenden Anteil des untersuchten Werkstückspektrums beträgt der im Bereich des Anschnittsystems liegende Grat (Anschnittrest) weniger als 10 % der gesamten zu entgratenden Konturlänge, so daß das Entgraten an Formteilung und Kernlagerung den arbeitsintensivsten Bearbeitungsvorgang darstellt.
Bild 3 zeigt eine Zusammenstellung der wichtigsten Analysedaten.

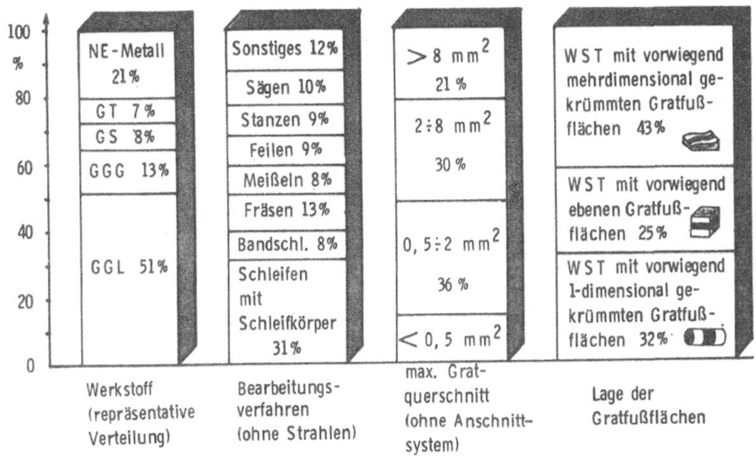

Bild 3: Ergebnisse einer Analyse verschiedener Gußwerkstücke (146 Werkstücke ≙ 100%)

Wie die Analyse der Gratausprägung zeigt, treten - abhängig von dem verwendeten Gußwerkstoff, dem Zustand der Form und der Art des Gieß- und Formverfahrens - sehr unterschiedliche Gratquerschnitte auf. Bei Druckguß und Kokillenguß treten im allgemeinen sehr dünne und hohe Grate auf, wobei jedoch insbesondere gegen Ende der Formstandzeit Gratfußdicken bis zu 2 mm auftreten können. Während bei Druckguß oder Kokillenguß der Grat in einem gewissen Rahmen durch den stetigen Verschleiß der Form "wächst", ist die Gratausprägung bei verlorenen Formen durch eine Vielzahl stochastischer Faktoren bestimmt und läßt keine Gesetzmäßigkeit erkennen.

Die Lage der Bearbeitungsflächen (Gratfußfläche, Anschnittfläche) ist entscheidend für die Auswahl eines geeigneten Trennwerkzeuges und die Ermittlung der notwendigen PHG-Bewegungsachsen. Während die Anschnittflächen sehr häufig planparallel zu Werkstückflächen oder auf ebenen Gußteilvorsprüngen angeordnet sind, ergeben sich an Formteilung und Kernlagerung meistens mehrdimensional gekrümmte Gratfußflächen, zu deren Bearbeitung mit rotationssymmetrischen Werkzeugen mindestens 5 unabhängige Bewegungsachsen notwendig sind.

Die geforderte Entgratqualität der Werkstücke ist entsprechend dem Verwendungszweck und der Folgebearbeitung sehr unterschiedlich. Sie soll durch folgende Analyseergebnisse charakterisiert werden:

- Bei 5 % der Werkstücke ist eine Restgrathöhe über 1,0 mm zulässig
- bei 40 % der Werkstücke ist an Konturabschnitten eine Restgrathöhe unter 0,5 mm notwendig
- bei 35 % der Werkstücke muß an Sichtflächen eine knick- und absatzfreie Oberfläche im Bereich der Gratfußfläche gefordert werden.

2.2.2 Bearbeitungsverfahren und Werkzeuge

Für die Auswahl eines bestimmten Bearbeitungsverfahrens sind neben der Gestalt des Werkstückes und der Losgröße insbesondere der Werkstoff sowie Art und Umfang der Bearbeitungsaufgabe entscheidend. Bild 4 zeigt die Eignung verschiedener Verfahren für das manuelle Entfernen der Grate und das Abtrennen des Anschnittsystems bei den gebräuchlichsten Gießereiwerkstoffen (s. auch /1/).

Für das Trennverfahren "Schleifen" stehen heute eine breite Palette /1/ von stationären und handgeführten Antriebsmaschinen (Bock-, Winkel-, und Bandschleifmaschinen) sowie entsprechende Schleifkörper /4/ (Topf-, Trenn-, Schruppscheibe, Schleifstifte und Schleifbänder) zur Verfügung, so daß dies ein universell anwendbares und in einem weiten Bereich wirtschaftliches Verfahren für die Gußputzerei darstellt.

Für die weiteren Entwicklungen und Versuche soll der Schwerpunkt auf den Bearbeitungsverfahren "Schleifen" und "Fräsen" beruhen, da diese bei einem Großteil der Werkstoffe und Teilaufgaben eingesetzt werden können.

BEARBEITUNGSVERFAHREN (● gut anwendbar, ◑ bedingt anwendbar, ○ nicht üblich) / WERKSTOFF / TEILAUFGABE		SCHLEIFEN	FRÄSEN	SÄGEN	MEISSELN ABSCHLAGEN	BRENN-SCHNEIDEN
GGL	ENTGRATEN	●	◑	○	◑	○
	TRENNEN DES ANGUSSES	●	◑	●	●	○
GGG	ENTGRATEN	●	◑	○	◑	○
	TRENNEN DES ANGUSSES	●	◑	●	○	○
GT	ENTGRATEN	●	○	○	◑	○
	TRENNEN DES ANGUSSES	●	○	○	●	○
GS	ENTGRATEN	●	◑	○	◑	○
	TRENNEN DES ANGUSSES	●	◑	●	○	●
NE-Metall	ENTGRATEN	●	●	◑	◑	○
	TRENNEN DES ANGUSSES	◑	◑	◑	◑	○

Bild 4: Eignung verschiedener Bearbeitungsverfahren für das manuelle Entfernen der Grate und des Angusses

Das Verfahren "Fräsen" erlaubt bei gleicher Antriebsleistung höhere Abtragsleistungen. Jedoch begrenzt die bei einigen Eisenwerkstoffen oft sehr harte Gußhaut dessen Anwendung. Fräswerkzeuge werden deshalb vorwiegend beim Verputzen von NE-Metallen und anderen zerspanungsgünstigen Werkstoffen eingesetzt. Dabei werden der zu entgratenden Kontur angepaßte Formfräser aus Hartmetall oder HSS eingesetzt.

Für die handgeführten Werkzeuge werden hauptsächlich drei verschiedene Antriebssysteme verwendet:

- Universalmotor (50 Hz)
- Hochfrequenzmotor (300 Hz)
- Druckluftmotor

Diese Antriebssysteme unterscheiden sich bezüglich ihres Drehzahlverhaltens beim Überschreiten der Nennlast. Eine konstante Drehzahl ist aber Grundvoraussetzung für gleichbleibende Zerspanungsbedingungen und geringen Schleifscheibenverbrauch. In diesem Punkt ist der Hochfrequenzmotor dem Universalmotor und dem Druckluftmotor überlegen, da seine Drehzahl über den gesamten Lastbereich annähernd konstant ist. Bei Nennleistung ist mit einem Abfall von ca. 5 %, bezogen auf die synchrone Drehzahl zu rechnen. Eine Überlastung auf das 2,5-fache des Nennmomentes bewirkt einen Drehzahlabfall von 20 ÷ 25 %, wobei jedoch der Leistungsbereich zwischen Nenn- und Maximalleistung wegen der dabei auftretenden thermischen Belastung nur kurzzeitig ausgenützt werden kann.

Sollen die bisher beim manuellen Entgraten und Gußputzen eingesetzten Werkzeuge von einem PHG geführt werden, so müssen die erreichbare Schleifleistung und der voraussichtlich auftretende Schleifscheibenverschleiß bekannt sein. In Bild 5 sind Schleifleistung und Schleifscheibenverschleiß manuell geführter Werkzeuge als Funktion der Schnittgeschwindigkeit dargestellt (s. /1/).

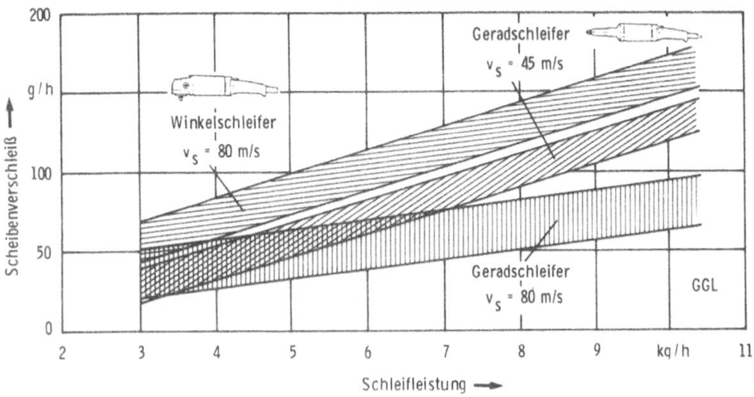

Bild 5: Schleifleistung und Schleifscheibenverschleiß verschiedener Schleifwerkzeuge

Da sowohl die spezifische Schleifleistung als auch der spezifische Schleifscheibenverschleiß mit zunehmender Schnittgeschwindigkeit günstiger werden, sollte sinnvollerweise bei einem automatisierten Gußputzsystem die Schnittgeschwindigkeit höher als beim manuell geführten Werkzeug gewählt werden, wo sie durch entsprechende Unfallverhütungsvorschriften begrenzt ist.

Die erforderliche Antriebsleistung wird durch den Zerspanungsquerschnitt A_c sowie die Vorschubgeschwindigkeit u bestimmt und kann somit überschlägig aus dem je Zeiteinheit zerspanten Volumen berechnet werden. Nach LÖFFLER /48/ ist beim Schruppschleifen von Grauguß (GGL) ein Kennwert von 6,25 $cm^3/min \cdot kW$ typisch.

2.2.3 Mögliche Störgrößen bei der Automatisierung

Für die Automatisierung des Gußputzens ist eine genaue Kenntnis über die zu erwartenden Toleranzen und Abweichungen am Werkstück, am Werkzeug und am PHG notwendig. Die dabei wichtigsten Faktoren, die zu Störgrößen im regelungstechnischen Sinne führen, sind in Bild 6 dargestellt.

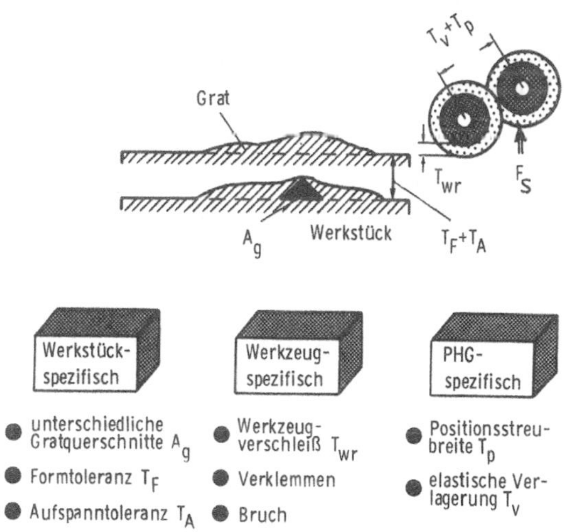

Bild 6: Störgrößen bei der Automatisierung des Gußputzens

Trotz großer Anstrengungen im Modellbau, in der Formerei und beim eigentlichen Gießprozeß sind jedoch die auftretenden und zulässigen Toleranzen des Gußwerkstückes im Vergleich zu anderen Fertigungsverfahren noch relativ groß /34,35/. Die Analyse zeigt, daß bei größeren Werkstücken, bedingt durch Aufblähen der Form, Schwinden des Gußrohlings und die Wärmebehandlung an den zu bearbeitenden Kanten und Flächen Lageabweichungen bis zu ± 10 mm auftreten können. Für Gußwerkstücke aus GGG läßt die entsprechende Norm /35/ im Nennmaßbereich 1250 ÷ 1600 mm sogar einen Toleranzbereich von ± 19 mm zu.

Die Ausprägung der Form- und Aufspanntoleranzen und des Gratquerschnittes ist abhängig von dem angewendeten Formverfahren und nimmt in der Regel mit steigendem Werkstückgewicht zu. Bild 7 zeigt die Meßergebnisse, die an typischen Werkstücken aus drei unterschiedlichen Gewichtsklassen gewonnen wurden.

Gewichtsklasse \ max. Ausprägung von T_A, T_F u. A_g	Druckguß (NE)		Kokillenguß (NE)		Sandguß (GGL)	
	$T_A + T_F$*	A_g**	$T_A + T_F$*	A_g**	$T_A + T_F$*	A_g**
0,63 - 1 kg	<0,4	2	<0,6	2,8	<2,0	6
10 - 16 kg	<1,5	8	<2,1	11	<3,2	24
100 - 160 kg	—	—	—	—	<10,0	55

*in mm **in mm² / ohne Anschnittsystem

Bild 7: Maximale Ausprägung von Gratquerschnitt, Form- und Aufspanntoleranzen bei verschiedenen Formverfahren

Die im Bereich des Anschnittsystems auftretenden Gratquerschnitte (Anschnittrest) werden durch die gewählte Anschnittechnik festgelegt und übertreffen die im Bereich der Formteilung vorhandenen Gratquerschnitte meistens um ein Vielfaches. Die maximal auftretende Grathöhe h_g (einschließlich Anschnittrest) betrug bei dem untersuchten Werkstückspektrum ca. 20 mm.

Die Größe des zu kompensierenden radialen Werkzeugverschleißes T_{wr} ist im wesentlichen abhängig von der angewendeten Zerspanungstechnologie, der Werkzeugform, dem zu bearbeitenden Werkstoff aber auch von der geforderten Standzeit des Werkzeuges. Bei den heute in der Gußputzerei eingesetzten Schleifstiften, Topf- und Trennscheiben ist ein radialer Werkzeugverschleiß bis zu 50 mm charakteristisch.

3 Anforderungen an Teilsysteme eines programmierbaren Gußputzsystems

3.1 Definition und Aufgaben

In /15/ sind die wesentlichsten Teilsysteme /36/, die zum Aufbau eines Entgratsystems mit PHG benötigt werden, dargestellt. In Anlehnung daran wird definiert: "Unter einem programmierbaren Gußputzsystem soll ein aus einem PHG, Bearbeitungswerkzeugen und anwendungsspezifischen Komponenten wie z.B. Sensoren und Aufspannvorrichtungen bestehendes System zum Gußputzen verstanden werden, wobei das PHG das Werkstück oder Werkzeug führen kann."
Die wichtigsten Aufgaben des programmierbaren Gußputzsystemes sind:

- Entfernen der Grate, insbesondere an Formteilungsnaht und Kernlagerung (Entgraten)
- Abtrennen des Anschnittsystems
- Nachbearbeitung der Trennstellen
- Nachbearbeitung der Gußteiloberfläche
- Entkernen und Entsanden

Das programmierbare Gußputzsystem soll dabei für jene Bearbeitungsverfahren geeignet sein, die häufig in der Gußputzerei angewendet werden und heute noch eine manuelle Führung des Werkstückes oder Werkzeuges beim Bearbeiten verlangen. Zur Erhöhung der Flexibilität sollte ein derartiges Gußputzsystem sowohl für die Werkzeug- als auch die Werkstückhandhabung geeignet sein. Werkzeug- und Werkstückhandhabung unterscheiden sich beim Gußputzen bezüglich der in Bild 8 dargestellten Einsatzkriterien. Bei beiden Verfahren sind jedoch Gemeinsamkeiten vorhanden im Hinblick auf eine Kompensation der Toleranzen durch eine passive Nachgiebigkeit oder aktive Anpassung mittels Sensoren.

KRITERIUM	Werkzeug (WZG)-Handhabung	Werkstück (WST)-Handhabung	
WERKSTÜCKGEWICHT	keine Beschränkung durch PHG	beschränkt durch zulässiges Handhabungsgewicht	Unterschiede
WERKSTÜCKVOLUMEN	nur beschränkt durch PHG-Arbeitsraum	beschränkt durch Kollision mit PHG und Peripherie	
EINSATZ VON VERSCH. WERKZEUGEN	automatische Werkzeugwechselvorrichtung (WWV) notwendig	ohne grundsätzliche Probleme möglich	
ZUGÄNGLICHKEIT	Bearbeiten an der Aufspannseite des WST's nicht möglich	Bearbeiten an allen Seiten möglich (Umgreifen)	
ABTRAGSLEISTUNG	begrenzt durch zulässiges Handhabungsgewicht des PHG und durch Energieübertragung	Begrenzung nur durch die beim Zerspanvorgang entstehenden Reaktionskräfte	
HANDHABUNGSZEIT	WZG-Wechsel und geringere Abtragsleistungen können Handhabungszeit verlängern	relativ klein, da nur geringe Nebenzeiten	
AUFWAND FÜR PERIPHERIE	automatisches Zuführen und Spannen des WST ist aufwendig	magaziniertes WST wird im Greifer des PHG automatisch gespannt	
PASSIVE NACHGIEBIGKEIT	Aufbau und Anwendungsbereich von Verformungselementen		Gemeinsamkeiten
AKTIVE ANPASSUNG	Aufnehmer, Signalverarbeitung und Verkettung mit PHG-Steuerung		

Bild 8: Abgrenzung der Werkzeug- und Werkstückhandhabung

Die prinzipiellen Probleme, Konzeptionen und Versuche zur Automatisierung des Gußputzens werden im folgenden am Beispiel der Werkzeughandhabung aufgezeigt, wobei der Großteil der Erkenntnisse im Bereich der Sensoren und der passiven Nachgiebigkeit auf die Werkstückhandhabung übertragbar sein wird.

3.2 Teilsysteme zum Ausgleich der Toleranzen

Aufgrund der ermittelten werkstück- und werkzeugspezifischen Toleranzen kann mit einer fest vorgegebenen Werkzeugbahn bei dem Großteil der Werkstücke kein befriedigendes Bearbeitungsergebnis erreicht werden /37/. Zur Kompensation der von Werkzeug, Werkstück und PHG ausgehenden Toleranzen muß zwischen den folgenden zwei Prinzipien unterschieden werden:

- Passiver Toleranzausgleich durch Einsatz von Elementen mit einer definierten Nachgiebigkeit.
- Aktiver Toleranzausgleich durch Erfassen der variablen Größen mit Hilfe von Sensoren und Eingriff in den Ablauf des Bearbeitungsprogrammes.

3.2.1 Teilsysteme zum passiven Toleranzausgleich

Treten die dargestellten Störgrößen nur innerhalb einer sehr engen Bandbreite auf, so erscheint beim Gußputzen mit PHG eine Meßwerterfassung mittels Sensoren nicht notwendig. Vielmehr sollen die geringfügig variierenden Größen wie Formabweichung T_F und Werkzeugverschleiß T_{wr} durch den Einbau von nachgiebigen Elementen im Kraftfluß des PHG ausgeglichen werden (z.B. elastische Werkzeugaufhängung). Dadurch kann ein einfacher Aufbau des programmierbaren Gußputzsystems ohne anwendungsspezifische Steuerungseinrichtungen realisiert werden /7, 10/.

Aus der Analyse des Werkstückspektrums und Vorversuchen lassen sich die wesentlichsten Anforderungen an den Aufbau eines Teilsystems zum passiven Toleranzausgleich ableiten (siehe Bild 9).

Anforderungen an Teilsysteme zum passiven Toleranzausgleich

- An Bearbeitungsaufgabe angepaßter Federkennlinienverlauf
- Programmierbare Federungscharakteristik
- Hohe Dämpfungskonstante, geringe Hysterese
- Orientierungs- und positionsunabhängige Federungscharakteristik
- Einsatz bei Schleif- und Fräswerkzeugen
- Kompensation von $T_A + T_F \geq 10$ mm

Bild 9: Wichtige Anforderungen an Teilsysteme zum passiven Toleranzausgleich

3.2.2 Sensoren

3.2.2.1 Meßgrößenunabhängige Anforderungen

Überschreiten die auftretenden Toleranzen und Störgrößen ein gewisses Maß, so sind, wie die Vorversuche zeigten, Sensoren zur Korrektur der vorprogrammierten Bewegungsbahnen bzw. des Programmablaufes notwendig.

Unabhängig von der Art der Meßgröße können einige wesentliche Anforderungen an Sensoren zum Gußputzen mit PHG gestellt werden (siehe Bild 10).
Aus der Analyse der Vorgabezeit geht hervor, daß die pro Werkstück und Monat anfallende Vorgabezeit zwischen 600 und 5.000 min. liegt. Legt man für ein programmierbares Gußputzsystem einen Zweischichtbetrieb sowie eine dem manuellen Verputzen vergleichbare Abtragsleistung zugrunde, so kann die Auslastung des Systems nur über mindestens 10 verschiedene Werkstücke pro Monat (Durchschnittswert) erreicht werden. Die daraus resultierende Umrüsthäufigkeit erfordert einen, an unterschiedliche Gußwerkstücke anpaßbaren Sensor sowie eine Unterstützung der Konturprogrammierung durch den Sensor.

Meßgrößenunabhängige Anforderungen an Sensoren

- einfache Integration in PHG-Mechanik und PHG-Steuerung
- Funktion anpaßbar an unterschiedliche Gußwerkstücke (Universalität)
- Funktionssicherheit bei den gießereitypischen Umweltfaktoren (Robustheit, Störabstand)
- einfache Programmierung und Kalibrierung des Sensors
- keine negative Beeinträchtigung der PHG-Eigenschaften (Steifigkeit, Arbeitsraum)
- Meßfehler der gesamten Meßkette $< 10\%$
- Unterstützung bei der Konturprogrammierung
- Prozeßüberwachung
- prozeßbegleitende Meßwerterfassung

Bild 10: Meßgrößenunabhängige Anforderungen an Sensoren beim Gußputzen

Weitergehende Anforderungen an den Sensor entstehen aus dem vorgesehenen Bearbeitungsverfahren, dem zu verputzenden Teilespektrum und dem angestrebten Bearbeitungsziel. In der Praxis konkurriert das Ziel einer "optimalen Oberflächengeometrie" mit dem Ziel nach einer "möglichst schnellen Bearbeitung". Das Ziel der optimalen Oberflächengeometrie ist wichtiger, wo aus ästhetischen oder funktionalen Gründen keine Restgrathöhe zulässig ist und eine knick- und absatzfreie Oberfläche im Bereich der Gratfußfläche (35 % der Werkstücke) gefordert ist. Die Erhöhung der Bearbeitungsgeschwindigkeit steht im Vordergrund, wenn eine geringere Entgratqualität gefordert ist und vorwiegend Anschnittsystem und große Grate zu entfernen sind.
Aufgrund dieser unterschiedlichen Zielsetzung sind für einen breiten Einsatz von programmierbaren Gußputzsystemen unterschiedliche, der Zielsetzung angepaßte Sensoren zu entwickeln.

3.2.2.2 Kraft- und Momentsensoren

Da die auf das Werkzeug wirkenden Bearbeitungskräfte eine wichtige Kenngröße für den Bearbeitungsprozeß sind, kommt den Kraft- und Momentsensoren besondere Bedeutung zu. Bei der Herleitung der notwendigen Meßbereiche müssen einerseits die beim Zerspanen der typischen Gratquerschnitte entstehenden Kräfte, als auch die zulässigen Traglasten geeigneter PHG berücksichtigt werden. Aufgrund der zu erwartenden relativ geringen Meßgenauigkeit derartiger Mehrkomponenten-Aufnehmer kann nicht der gesamte Meßbereich von einem einzelnen Aufnehmer zufriedenstellend abgedeckt werden, so daß eine Meßbereichsaufteilung notwendig ist.

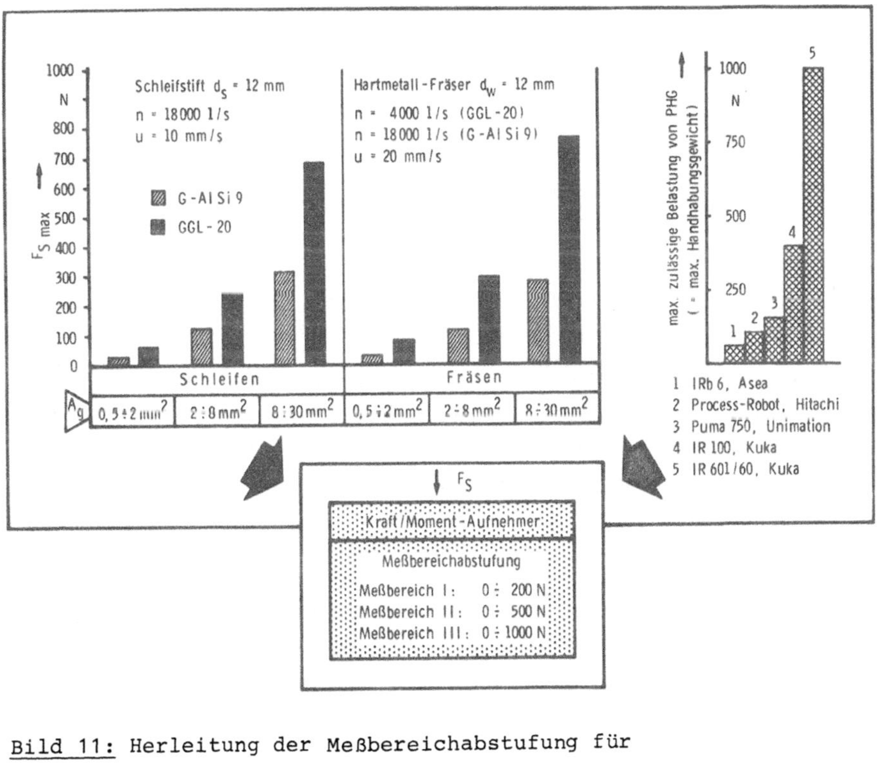

Bild 11: Herleitung der Meßbereichabstufung für Kraft- und Momentaufnehmer

Die Anforderungen an den Momentenmeßbereich werden im wesentlichen durch die Einbaulage des Aufnehmers bestimmt und sollen somit im Einzelfall festgelegt werden. Die wichtigsten spezifischen Anforderungen für einen Kraft- und Momentaufnehmer sind in Bild 12 dargestellt.

Anforderungen an einen Kraft / Momentsensor zum Erfassen und Auswerten der Schnittkräfte	● notwendig ○ wünschenswert

- ● Messen von 1 ÷ 3 orthogonalen Momentkomponenten
- ● Messen von 1 ÷ 3 orthogonalen Kraftkomponenten
- ● Mechanische Überlastsicherung durch Formschluß
- ● Geringe Baugröße (Kompaktheit)
- ● Lineares statisches und dynamisches Übertragungsverhalten (kleine Zeitkonstante, hohe Grenzfrequenz)
- ● Rechenzeit zur Auswertung der Meßgrößen < 20 ms
- ○ Modularer Aufbau
- ○ Einfache Kalibrierung durch "Teach in" -Prinzip
- ○ Nullpunktabgleich durch externes Signal
- ○ Analoger und digitaler Ausgang

Bild 12: Anforderungen an einen Kraft- und Momentsensor

Moderne PHG-Steuerungen /38/ können - entsprechend der Abtastperiode des Lagereglers - alle 20 ÷ 40 ms einen vom Sensor vorgegebenen Bahnkorrekturwert übernehmen. Zur Vermeidung von Totzeiten im Regelkreis soll deshalb die Rechenzeit zur Auswertung der Meßgröße nicht größer als 20 ms sein.

Die Bearbeitung von innenliegenden und mehrdimensional gekrümmten Gratfußflächen erfordert eine kompakte Bauweise im Bereich des Werkzeuges und der PHG-Handachsen. Soll der Aufnehmer in der Nähe des Werkzeuges eingebaut werden, so ist deshalb ein Aufnehmer mit einer geringen Baugröße anzustreben.

3.2.2.3 Sensoren zur Erfassung geometrischer Größen

Die Anforderungen an einen Sensor zur Erfassung geometrischer Größen (geometrieverarbeitender Sensor) sind von der Art der zu erfassenden Größe (z.B. Werkzeugverschleiß, Grathöhe) abhängig. Insbesondere muß der Meßbereich des Aufnehmers dem aufgezeigten Toleranzbereich der jeweiligen Meßgröße angepaßt sein. Ein Aufnehmer zur Erfassung des Gratquerschnittes sollte einen Meßbereich von $h_g = 0 \div 20$ mm und $b_g = 0 \div 25$ mm (Anschnittsystem) haben.

Da ein Aufnehmer zur Erfassung der Werkstückkontur unmittelbar am Grat eingesetzt wird, kommt der Robustheit und Funktionssicherheit bei variierenden Gratausprägungen hier eine besondere Bedeutung zu. Die Anwendung des Sensors sollte sowohl bei ebenen als auch bei gekrümmten Gratfußflächen möglich sein. Da bei geometrieverarbeitenden Sensoren eine umfangreiche Sollwerterzeugung zu erwarten ist, muß der Anforderung nach einer einfachen Programmierung des Sensors besondere Beachtung geschenkt werden.

3.3 PHG-Steuerung

Aus der Reihe der PHG-Teilsysteme /36/ muß insbesondere die Steuerung umfangreiche Voraussetzungen erfüllen, damit eine Verknüpfung mit dem Sensor und ein Einsatz beim Gußputzen möglich ist. An die Steuerung des PHG werden Anforderungen (siehe Bild 13) gestellt, die bei NC-Steuerungen für Werkzeugmaschinen zum Stand der Technik gehören /39, 40/, aber bei PHG nur in Einzelfällen /41/ realisiert sind.

Die Analyse des Werkstückspektrums zeigt, daß ca. 70 % der zu entgratenden Konturen einen gekrümmten Verlauf haben und somit zur Programmierung der Werkstückkontur ein erheblicher Aufwand zu erwarten ist. Die Wirtschaftlichkeit des PHG-Einsatzes wird dabei insbesondere bei kleinen Losgrößen durch die notwendige Programmierzeit beeinflußt, so daß ein einfach anwendbares und schnelles Programmierverfahren gefordert wird. Eine wesentliche Hilfe stellen in der Praxis dabei verschiedene Interpolationsarten sowie frei definierbare Koordinatensysteme zum Verfahren des PHG dar.

Eine Größengliederung der deutschen Gießereiindustrie /37/ zeigt, daß über 75 % aller Eisengießereien weniger als 200 Beschäftigte haben. Doch gerade bei Klein- und Mittelbetrieben ist häufig eine gewisse Zurückhaltung bezüglich eines Einsatzes moderner Elektronik zu erkennen. Aus diesem Grunde müssen einfach zu bedienende Wartungs- und Diagnoseroutinen in das Betriebssystem der Steuerung integriert sein.

Anforderungen an die Steuerung eines sensorgeführten PHG beim Gußputzen

● notwendig
○ wünschenswert

- ● Bahnsteuerung mit Linearinterpolation
- ● Bahnsteuerung mit Kreis- oder Parabelinterpolation
- ● Auflösung der Wegmeßsysteme < 0, 1 mm
- ● Steife Lageregelkreise mit hoher Grenzfrequenz
- ● Einfache Fehlerdiagnose und Wartung
- ● Schleppfehlerüberwachung
- ● Einfache und schnelle Konturprogrammierung
- ● Sensorschnittstelle zur Beeinflussung von Geschwindigkeit, Position und Anzahl der Wiederholungen
- ● Programmierbefehle zur Sensorsignalverarbeitung
- ○ Verfahren des PHG während der Programmerstellung in frei definierbarem Koordinatensystem

Bild 13: Anforderungen an die Steuerung eines sensorgeführten PHG beim Gußputzen

Zur Verknüpfung der Sensoren mit der PHG-Steuerung müssen spezielle Programmierbefehle zur Verarbeitung der Sensorsignale in die Steuerung des PHG integriert sein. Von besonderer Bedeutung beim Gußputzen sind Befehle, die die Reaktion auf die vom Sensor erfaßten werkzeug- und werkstückspezifischen Toleranzen festlegen (siehe Bild 14).

Notwendige Programmierbefehle der PHG-Steuerung zur Sensorsignalverarbeitung beim Gußputzen

Befehlsfunktion	Anwendungsbeispiel
● Werkzeugkorrektur	Berücksichtigung des Werkzeugverschleißes oder Werkzeugwechsels
● Nullpunktverschiebung	Berücksichtigung einer Verschiebung von Werkstück oder PHG
● Bahnkorrektur	Korrektur der Bahn durch festgelegten Vektor
● Geschwindigkeitskorrektur	Verringerung der Bahngeschwindigkeit bei großer Gratausprägung.
● Einlesen eines digitalen Wertes	Übernahme von Sensorsignalen
● Parameterverknüpfungen	Parameterverknüpfungen durch Grundrechenarten. Berechnung der Stellgröße.
● Unterbrechung	Unterbrechung (Interrupt) des Programmablaufes bei Überschreitung eines Grenzwertes
● Bedingter Sprung	Sprung auf definiertes Sprungziel. Wiederholung eines Programmabschnittes bei besonders großer Gratausprägung.

Bild 14: Notwendige Programmierbefehle der PHG-Steuerung zur Sensorsignalverarbeitung beim Gußputzen

In Bild 14 sind elementare Befehle zur Signalerfassung und zur Signalauswertung dargestellt. Bei der Programmerstellung müssen diese so verknüpft werden, daß die der Zielsetzung entsprechende Reaktion des PHG auf die erfaßte Meßgröße erfolgt. Die Größe der notwendigen Korrekturbereiche muß sich an den in der Analyse festgestellten maximalen Toleranzbereichen orientieren. Die vom Sensor ermöglichte Bahnverschiebung sollte somit mindestens 50 mm betragen.

Die Anforderungen an die Sensorsignalverarbeitung stehen in einer engen Wechselbeziehung zur Leistungsfähigkeit des Sensors. Weitergehende Anforderungen, die die mathematische Behandlung der Sensorsignale und den Aufbau der Schnittstelle betreffen, können deshalb oft nur beim Vorliegen des Systemkonzeptes definiert werden.

4 Entwicklung von Teilsystemen zum passiven Toleranzausgleich

4.1 Anwendungsbereich und Einsatzproblematik

Die Analyse des Werkstückspektrums weist bei 13 % der Werkstücke einen Gratquerschnitt $A_g < 0{,}5\ mm^2$ aus. Darüberhinaus haben ca. 20 % der untersuchten Werkstücke nur relativ kleine Aufspann- und Formtoleranzen (NE-Werkstücke), so daß ein Teil des Werkstückspektrums mit passivem Ausgleich der auftretenden Toleranzen verputzt werden kann.

Dem Vorteil des dabei einfachen Systemaufbaus steht als Nachteil gegenüber, daß - abgesehen von einer fehlenden Überwachung des Zerspanungsprozesses - alle eventuell vorkommenden Grate mit ihren maximalen Abmessungen im Bearbeitungsprogramm berücksichtigt werden müssen. Da sich somit die programmierbare Vorschubgeschwindigkeit am größtmöglichen Grat orientiert, ist bei jedem kleineren Grat das Werkzeug und das PHG nicht optimal ausgelastet.

Darüberhinaus muß bei der Auswahl einer Federkennlinie immer ein Kompromiß zwischen Überlastungsschutz und Bahntreue hingenommen werden. So sind bei einer steifen Führung des Werkzeuges nur sehr kleine Grate und Formabweichungen zulässig, da eine große Federkonstante bei größeren Graten zu hohen Reaktionskräften führt. Wird dagegen mit einer weichen Werkzeugaufhängung, d.h. kleiner Federkonstante, bearbeitet, so kann keine definierte Kontur am Werkstück erreicht werden. Dieser Widerspruch setzt der Anwendung des passiven Toleranzausgleichs grundsätzlich Grenzen.

4.2 Funktionsträger zur Realisierung einer definierten Nachgiebigkeit

Bei Verwendung einer definierten Nachgiebigkeit im Kraftfluß muß die maximale Auslenkung und die Richtungscharakteristik des Federelements auf das zu bearbeitende Werkstück und auf das vorgesehene Werkzeug abgestimmt werden. Die Nachgiebigkeit ist durch die Summe aller elastischer Elemente und Lose im Kraftfluß bestimmt, wobei sie im wesentlichsten abhängt von:

- dem konstruktiven Aufbau des PHG
- der Einstellung der Geschwindigkeitsverstärkung in den Achsregelkreisen
- der Art der Werkzeugbefestigung
- der Elastizität des Bearbeitungswerkzeuges.

Die durch den konstruktiven Aufbau des PHG bestimmte Elastizität wurde in /42/ ausführlich behandelt. Bei den für Werkzeughandhabung geeigneten Geräten ist dabei - abhängig von der Lage des Kraftangriffspunktes im Arbeitsraum und der Belastungsrichtung - mit einer Verlagerung des Werkzeuges von 0,01 bis 0,08 mm/N zu rechnen. Aufgrund dieser Abhängigkeiten kann über den konstruktiven Aufbau des PHG kein definiertes,elastisches Verhalten erreicht werden.

Die in der Steuerung des PHG's festgelegte Geschwindigkeitsverstärkung bestimmt den Motorstrom in Abhängigkeit von der Lageregelabweichung. Durch eine Änderung der Geschwindigkeitsverstärkung kann bei stetigen oder quasi-stetigen Lagereglern auch ein bestimmtes elastisches Verhalten des PHG erreicht werden. Eine Verringerung der Geschwindigkeitsverstärkung würde jedoch die dynamischen Eigenschaften der Achsregelung verschlechtern sowie einen Verzicht auf die aus sicherheitstechnischen Gründen notwendige Schleppfehlerüberwachung bedeuten, so daß dieses Prinzip in der Praxis kaum anwendbar ist.

Über eine elastische Gestaltung der Werkzeugaufhängung mit Federelementen kann in einem weiten Bereich die gewünschte Federcharakteristik erreicht werden, so daß dieses Verfahren näher betrachtet werden soll /43/. Nach der Art der Anpassung kann zwischen programmierbarer Nachgiebigkeit (Federcharakteristik wird während des Prozesses verändert) und einstellbarer Nachgiebigkeit (Federcharakteristik wird vor dem Prozeß eingestellt) unterschieden werden.

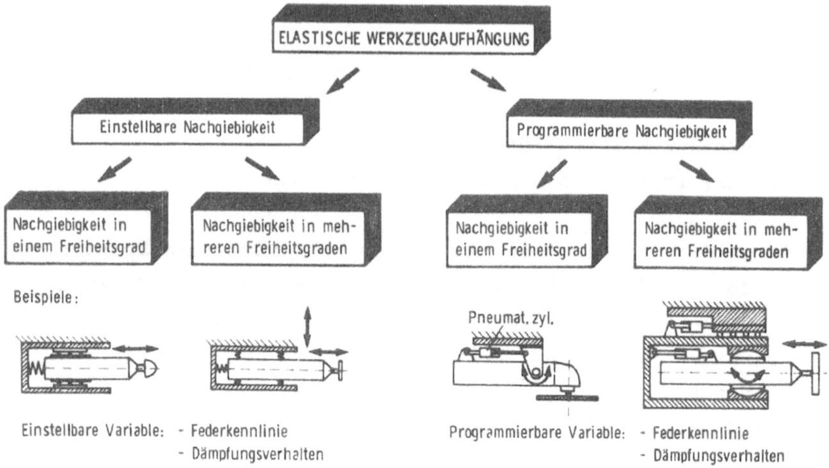

Bild 15: Elastische Werkzeugaufhängungen für Gußputzwerkzeuge

Der Einfluß der Schwerkraft kann bei translatorischer Führung des Werkzeuges durch Gegengewichte oder bei rotatorischer Führung durch eine Lagerung im Schwerpunkt des Werkzeuges beseitigt werden, so daß der Verlauf der Federkennlinie unabhängig von der Position und Orientierung des Werkzeuges im Raum ist.

4.3 Konstruktive Gestaltung

4.3.1 Einstellbare Nachgiebigkeit

Zur konstruktiven Gestaltung einer elastischen Werkzeugaufhängung ist eine Vielzahl von Metall-, Luft- oder Elastomerfedern verfügbar. Durch eine geeignete Auswahl und Kombination verschiedener Federelemente können im Vorspann-, Arbeits- und Überlastbereich unterschiedliche Federraten c_R realisiert werden (siehe Bild 16).

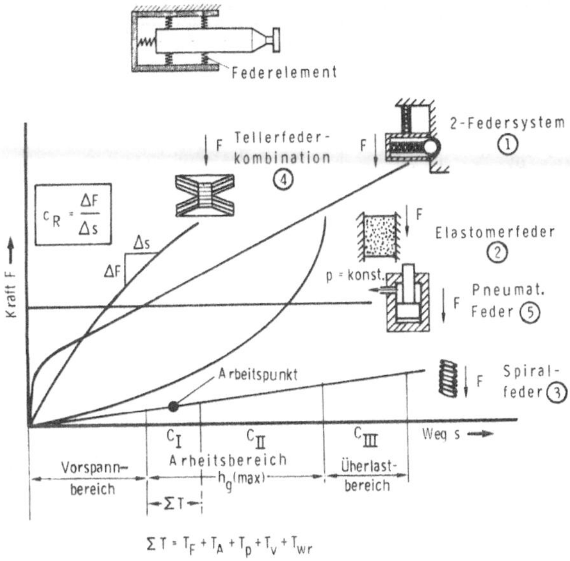

	Dämpfungs-faktor D	Hysterese
①	0,01 ÷ 0,1	0 ÷ 0,5 %
②	0,05 ÷ 0,11	3 ÷ 8 %
③	ca. 0,005	0 ÷ 0,4 %
④	0,01 ÷ 0,2	1 ÷ 11 %

Bild 16: Kenngrößen beispielhafter Federelemente zur Gestaltung elastischer Werkzeugaufhängung

Die Größe des Arbeitsbereiches des Federelements wird bestimmt sowohl durch die maximal auftretende Toleranzsumme aus T_F, T_A, T_p, T_V, T_{wr} als auch durch die maximale Grathöhe h_g wobei beide Größen im unteren Teil des Arbeitsbereiches überlagert auftreten. Zur Kompensation der in diesem Bereich auftretenden Toleranzsumme wird eine kleine Federrate (c_I=0) gefordert, wobei andererseits die in diesem Bereich auftretende Grathöhe nur mit einer steifen Werkzeugaufhängung ($c_I, c_{II} = \infty$) beseitigt werden kann. Bild 17 zeigt verschiedene Extremfälle der Kennlinienverläufe und deren Auswirkungen auf die Restgrathöhe und die Werkstückbeschädigung.

Kennlinienverlauf (Extremfälle)		Überlast-Sicherheit	max. Restgrathöhe	max. WST. Beschädigung**
A	$C_I = 0; C_{II} = \infty; C_{III} = 0$	ja	ΣT^*	0
B	$C_I = \infty; C_{II} = \infty; C_{III} = \infty$	nein	0	ΣT
C	$C_I = \infty; C_{II} = 0; C_{III} = 0$	ja	h_g	ΣT

$\Sigma T^* = T_F + T_A + T_p + T_v + T_{wr}$ **Abtragstiefe h_w am Werkstück

Bild 17: Merkmale verschiedener, extremer Kennlinienverläufe

Bild 17 zeigt, daß keine Federkennlinie das Ziel der minimalen Restgrathöhe als auch der minimalen Werkstückbeschädigung (Abtragstiefe h_w) gleichzeitig erreichen kann. Im Extremfall ist die Restgrathöhe oder die Abtragstiefe h_w so groß wie die Summe aller in Grathöhenrichtung auftretenden Toleranzen.
Bei einer realen Federkennlinie ($c < \infty$) begünstigt jedoch eine große Auflagenbreite des Werkzeuges an der Werkstückoberfläche (b_a) und eine verhältnismäßig kleine Gratfußbreite (b_g) das Bearbeitungsergebnis, so daß die in Bild 17 dargestellte Werkstückbeschädigung in der Praxis nicht auftritt.

Mit Hilfe der in Bild 16 dargestellten Federkennlinien und Kenngrößen können Federelemente problemspezifisch ausgewählt werden. Bei einer kleinen Toleranzsumme (z.B. NE-Druckguß) eignet sich eine steil ansteigende, degressiv verlaufende Federkennlinie, wie sie bei der Tellerfederkombination oder bei dem sogenannten 2-Federsystem vorliegt. Ist dagegen mit größeren Aufspanntoleranzen und mit Werkzeugverschleiß zu rechnen, so wird vorteilhaft eine Feder mit progressivem Kennlinienverlauf ($c_{II} > c_I$) eingesetzt.
Eine gewisse Sonderstellung bezüglich des Kennlinienverlaufes nimmt die pneumatische Feder ein, da sie den Aufbau einer Werkzeugaufhängung mit c_R=0 und konstanter Anpreßkraft ermöglicht. Der dadurch in Gratlängsrichtung konstante Materialabtrag ist als Zielkriterium dort sinnvoll, wo die Gratausprägung konstant oder wo die Gratfußbreite b_g klein gegenüber der gesamten Werkzeugauflagenbreite ist. Durch die relativ große Werkzeugein-

griffsfläche wird an Stellen mit keinem oder nur sehr kleinem Grat der Materialabtrag auf die gesamte Werkzeugeingriffsfläche verteilt , so daß die Abtragstiefe am Werkstück oft im Bereich der Oberflächenrauheit gehalten werden kann und somit eine Beschädigung des Werkstückes verhindert wird.

4.3.2 Programmierbare Nachgiebigkeit

Eine über das Programm des PHG gesteuerte Nachgiebigkeit wird sinnvollerweise dort angewendet, wo an unterschiedlichen Konturen verschiedenartiges elastisches Verhalten des Werkzeuges gefordert ist.

Die Analyse des Werkstückspektrums ergab, daß insbesondere bei Druckguß und Kokillenguß die Gratausprägung über der Standzeit des Formwerkzeuges zunimmt und daß die maximale und minimale Gratausprägung häufig an den gleichen Konturabschnitten auftreten. Diese Gesetzmäßigkeiten lassen sich mit elastischen Werkzeugaufhängungen, deren Nachgiebigkeit entsprechend der voraussichtlich auftretenden Gratquerschnitte programmiert wird, zugunsten einer besseren Entgratqualität ausnützen. Eine Beeinflussung des Zerspanungsvorganges kann über folgende programmierbare Variable erreicht werden:

- Federkonstante/Federrate
- Anpreßdruck
- Nullage des Werkzeuges
- maximale Auslenkung und Dämpfung

Die steuerungstechnische Verknüpfung der Stellglieder zur Beeinflussung der Nachgiebigkeit kann über analoge oder binäre Ausgangssignale (Verkettungssignale) der PHG-Steuerung erfolgen. Im letzteren Fall können mehrere binäre Ausgangssignale einem Stellglied zugeordnet werden. Dadurch lassen sich zahlreiche Federkennlinien vorprogrammieren, die beim Programmablauf an den unterschiedlichen Konturabschnitten aktiviert werden.
Der konstruktive Aufbau einer Werkzeugaufhängung mit programmierbarer Nachgiebigkeit ist in Bild 18 am Beispiel eines Winkelschleifers dargestellt.

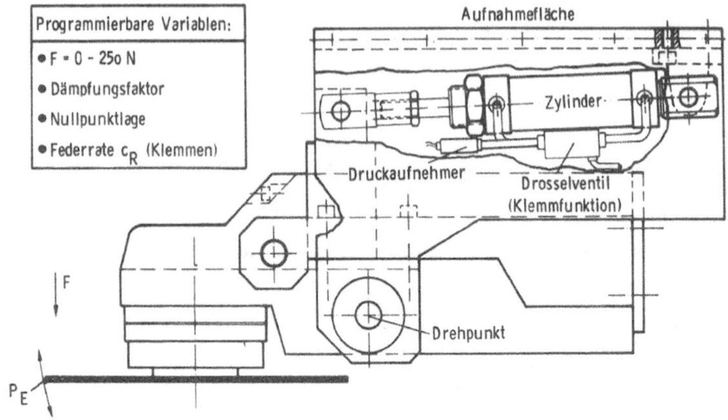

Bild 18: Werkzeugaufhängung mit programmierbarer Nachgiebigkeit

Die Werkzeugaufhängung besitzt einen rotatorischen Freiheitsgrad um den Schwerpunkt des Werkzeuges, so daß bei variierender Lage des Werkzeuges die Schnittkraft nicht durch Gewichtskräfte beeinflußt wird. An dem Gehäuse der Antriebsmaschine sind zwei parallel angeordnete Zylinder befestigt, wobei über einen Zylinder die erforderliche Anpreßkraft erzeugt wird. Dazu werden über die Ausgänge der PHG-Steuerung fest eingestellte Anpreßdrücke im Bereich von 0 ÷ 6 bar angewählt. Der parallel angeordnete Hydraulikzylinder stellt einen Schwingungsdämpfer dar, dessen Dämpfungscharakteristik durch die Stellung des in den Ölrücklauf integrierten Drosselventils verändert werden kann. Wird das Drosselventil geschlossen, so kann die Bewegung des Werkzeuges um den Drehpunkt in jeder beliebigen Lage blockiert werden.

Diese Funktion ermöglicht auch trotz Aufspanntoleranzen und Werkzeugverschleiß ein genaues Abtrennen von Angüssen und großen Gratquerschnitten. Dazu wird das Werkzeug mit einem niedrigen Anpreßdruck an einer gratfreien Oberfläche neben dem

Anguß auf das Werkstück aufgesetzt und durch Betätigen des Drosselventils blockiert, so daß der folgende Trennschnitt genau am Gratfuß und parallel zur Werkstückoberfläche erfolgt. Über den integrierten Druckaufnehmer kann im geklemmten Zustand die auftretende Bearbeitungskraft überwacht werden, so daß auch bei sehr unterschiedlichen Angußresten und Gratquerschnitten ein sicherer Einsatz möglich ist.

Versuchdurchführungen mit derartigen elastischen Werkzeugaufhängungen sind im Kapitel 8 beschrieben und zeigen die Grenzen des Anwendungsbereiches der Teilsysteme mit passivem Toleranzausgleich auf.

5 Konzeption von sensorgeführten Gußputzsystemen

5.1 Begriffsbestimmung und prinzipieller Sensoraufbau

Bei einem Großteil der Werkstücke ist es nicht mehr möglich, durch fest vorgegebene Schnittparameter zufriedenstellende Bearbeitungsergebnisse innerhalb einer Werkstückserie zu erreichen. Eine optimal ausgelegte und demzufolge werkstückvariable Führung des Zerspanungsprozesses gelingt nur über eine Erfassung der wichtigsten toleranzbehafteten Größen (Grathöhe, Formabweichung) und eine selbsttätige Prozeßoptimierung.

Das Prinzip einer derartigen Einrichtung zur selbsttätigen Regelung oder Optimierung bestimmter, beim Zerspanungsvorgang auftretender Größen wird als Adaptive Control (AC) bezeichnet (siehe auch /44/).
Bei der Grenzregelung (ACC = Adaptive Control Constraint) werden für bestimmte Zielgrößen Grenzwerte vorgegeben, die erreicht, aber nicht überschritten werden sollen.

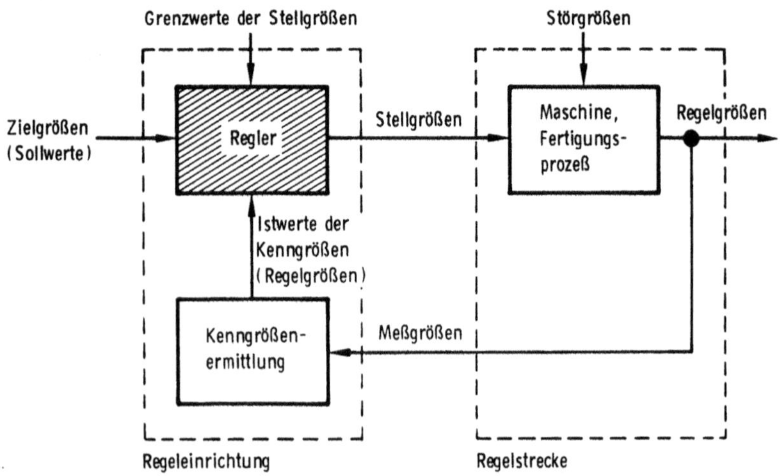

Bild 19: Signalflußplan eines ACC-Systems nach /44/

"Ein mit einem AC-System angestrebtes Ziel kann auf unterschiedliche Weise erreicht werden. Die Arbeitsweise, mit der das Ziel erreicht werden soll, wird als Strategie bezeichnet" /45/.
Die Strategie eines AC-Systems gibt also an, welche Meßgröße erfaßt und welche Stellgrößen verändert werden und wie das System in speziellen Fällen - wie z.B. beim Erreichen von Grenzen - reagiert.

Entsprechend der verfolgten Zielsetzung werden AC-Systeme in geometrische und technologische AC-Systeme unterteilt. Geometrische AC-Systeme beeinflussen den Bearbeitungsvorgang mit dem Ziel,eine vorgegebene Geometrie für das Werkstück einzuhalten. Technologische AC-Systeme beeinflussen den Bearbeitungsvorgang mit dem Ziel, die Fertigungszeit zu senken /44/.

Die Meßgrößen werden von Sensoren erfaßt und beschreiben den Ist-Zustand des Prozesses. Unabhängig von den zu erfüllenden Meßaufgaben besitzen Sensoren zur Steuerung eines PHG den in Bild 20 gezeigten charakteristischen Aufbau.

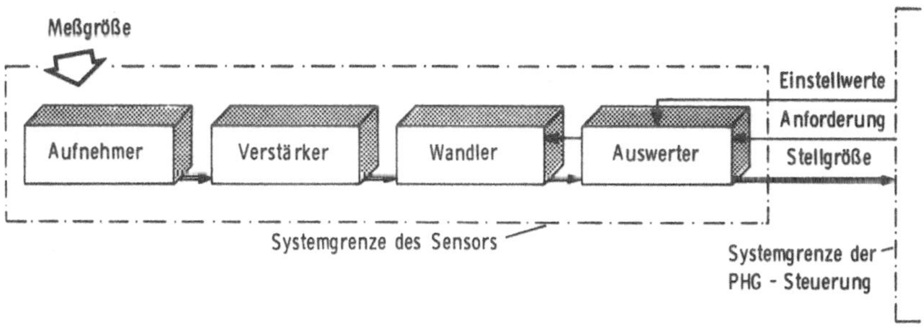

Bild 20: Prinzipieller Aufbau von Sensoren zur adaptiven Führung eines PHG

Die Umwandlung der zu erfassenden Größe in die Sensorausgangsgröße erfolgt über eine Meßkette, die aus Aufnehmer, Verstärker, Wandler und Auswerter besteht /15, 46/. Die Hauptaufgabe des Auswerters ist die Kenngrößenermittlung und die Stellgrößenermittlung. Kenngrößen beim zerspanenden Bearbeiten können z.B. die Zerspanleistung oder die Grathöhe sein. Sie können, müssen aber nicht mit der Regelgröße identisch sein. Definitionsgemäß /44/ gehören diese beiden Aufgaben zur Regeleinrichtung, sie müssen jedoch wegen ihrer besonderen Zuordnung zum Meßwertaufnehmer als Teil des Sensors angesehen werden. Die Auswerteeinheit kann bei Verknüpfung mit standardisierten, käuflichen Meßwertaufnehmern sogar der aufwendigste Bestandteil des Sensors sein.

Der Funktionsumfang des Auswerterteils des Sensors wird von der Art der Meßgröße und der angestrebten Strategie beeinflußt. Für das Abtasten eines Grates mit Hilfe eines induktiven Wegaufnehmers kann der Auswerter im Prinzip aus einem Grenzwertschalter bestehen. Adaptive Regelungen, die eine konstante Schnittkraft zum Ziel haben, erfordern eine umfangreiche Kenngrößenermittlung und Koordinatentransformation. Bei solchen komplexen Sensoren müssen von der Steuerung des PHG ein Anforderungssignal und Einstellwerte bereitgestellt werden. Die Einstellwerte können dabei einfache Kalibriersignale, Grenzwerte oder auch Rückmeldungen über die Achsstellungen sein. Haben diese Einstellwerte den Charakter einer Führungsgröße (z.B. Soll-Schnittkraft), so kommt dem Auswerter auch die Aufgabe einer Regeleinrichtung zu und er muß an der Schnittstelle eine Stellgröße übergeben. Die Integration der Reglerfunktion in den Auswerterteil des Sensors ist oft unumgänglich, da der Großteil der heute verfügbaren PHG-Steuerungen keine mathematischen Operationen mit den Sensorsignalen ermöglichen.

Neuere Forschungs- und Entwicklungsarbeiten /13/ deuten jedoch an, daß zukünftige PHG-Steuerungen eine mathematische Behandlung der Sensorsignale auf der Ebene der Programmiersprache erlauben. Die in das Betriebssystem der PHG-Steuerung integrierten Koordinatentransformationen können dabei zur Sensorsignalverarbeitung herangezogen werden. Dies ermöglicht die Übergabe einer Regelgröße, die in dem steuerungsinternen Regler des PHG verarbeitet wird, so daß sich ein einfacher Auswerteraufbau im Sensor realisieren läßt.

5.2 Bewertung von Meßgrößen zur Prozeßidentifikation

Beim Gußputzen mit PHG treten - wie die Analyse des Werkstückspektrums zeigt - eine technologische wie auch eine geometrische Zielgröße auf, nämlich:

- minimale Grathöhe sowie knick- und absatzfreier Übergang an der Gratfußfläche (geometrische Zielgröße).
- Leistungsausnützung des Werkzeugantriebes und somit minimale Bearbeitungszeit (technologische Zielgröße).

Zur Beurteilung des Bearbeitungsprozesses im Hinblick auf das vorgegebene Ziel ist eine der Zielgröße angepaßte Meßgröße notwendig, so daß zwischen geometrischen und technologischen Meßgrössen unterschieden werden muß. Beim Entfernen des Grates durch spanende Fertigungsverfahren können dabei jeweils verschiedene Meßgrößen zum Aufbau eines AC-Systems herangezogen werden (siehe Bild 21).

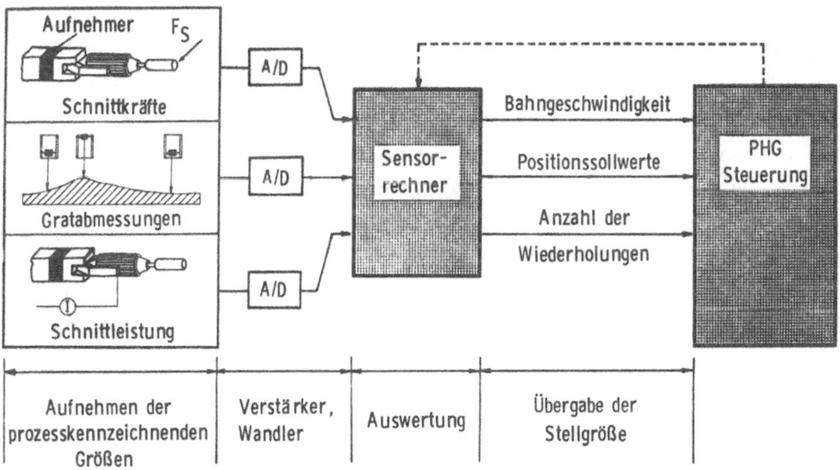

Bild 21: Beispiel für die Systemgrößen eines Adaptive-Control-Systems zum Gußputzen

Zum Erreichen der an den Sensor gestellten Anforderungen müssen bei der Bewertung der Meßgröße insbesondere folgende Kriterien betrachtet werden:

- Meßtechnische Erfaßbarkeit
- Aussagefähigkeit der Meßgröße
- Fehlereinflüsse auf die Meßgröße.

5.2.1 Geometrische Meßgrößen

Steht bei der Bearbeitungsaufgabe das Erreichen einer geometrischen Zielgröße im Vordergrund, so sollte durch eine Rückführung geometrischer Meßgrößen der Bearbeitungsprozeß gesteuert werden. Der Messung des Werkzeugverschleißes T_{wr} kommt bei Werkzeugen mit einer nicht definierten Schneidengeometrie (z.B. Schleifwerkzeuge) erhebliche Bedeutung zu, da im Verlauf der Werkzeugstandzeit der Betrag von T_{wr} ein Vielfaches der Grathöhe h_g betragen kann. Der spezifische Werkzeugverschleiß herkömmlicher Trenn- und Schruppscheiben (ø 240 mm) beträgt - abhängig u.a. von der Schleifscheibenart und dem zu bearbeitenden Werkstoff - ca. 0,2 ÷ 0,9 mm/min (Anpreßkraft ca. 80 N). Bei einem zulässigen radialen Verschleiß von 1 mm zwischen zwei Messungen ergibt sich ein Meßintervall von ca. 1 ÷ 5 Minuten. Ein Großteil des Werkstückspektrums erfordert somit eine mehrmalige Verschleißmessung pro Werkstückbearbeitung.
Die Meßwerterfassung kann dabei (siehe Bild 22) kontinuierlich über ein berührungsloses Abtasten des Werkzeugdurchmessers oder durch ein intermittierendes Antasten des Werkstückes bzw. eines Wegaufnehmers erfolgen. Letzteres Prinzip weist erhebliche Vorteile bezüglich Fehlereinflüssen und meßtechnischer Erfaßbarkeit auf, beeinflußt jedoch bei kurzen Meßintervallen die Bearbeitungszeit negativ.

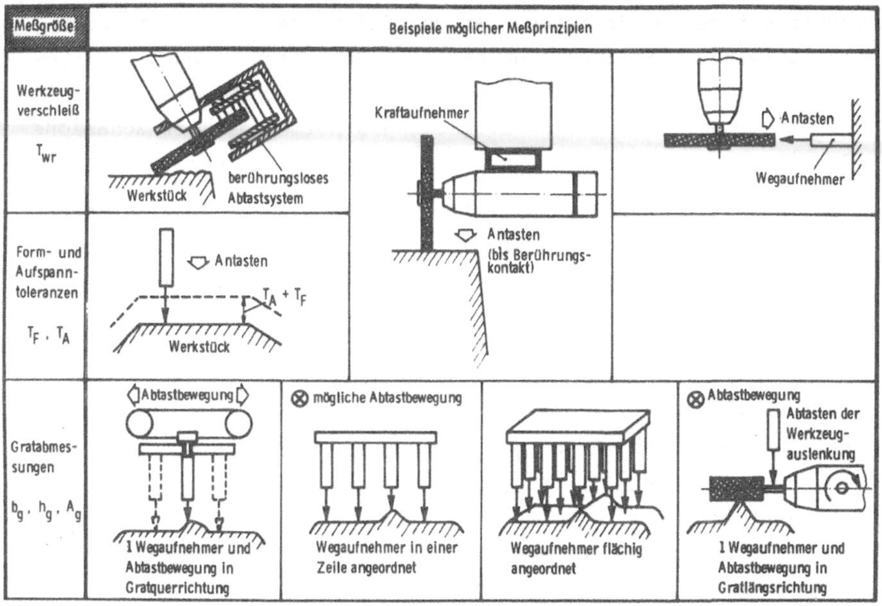

Bild 22: Mögliche geometrische Meßgrößen und Meßprinzipien

Die Messung der Grathöhe ist prinzipiell mit Schwierigkeiten verbunden, da bei einem Antasten des Grates auch die Formabweichung und die Aufspanntoleranz im Meßwert enthalten sind. Deshalb ist die Aussagefähigkeit eines eindimensionalen Meßwertes gering, wenn es nicht gelingt, den Meßwert relativ zur Werkstückoberfläche zu messen.

Bild 22 zeigt, daß die Gratabmessungen über verschiedene Meßprinzipien, die sich in der Anordnung und der Anzahl der Wegaufnehmer (berührend oder berührungslos) und der notwendigen Abtastbewegung unterscheiden, erfaßt werden können. Meßsysteme, die ein Profil in Gratlängs- als auch Gratquerrichtung erfassen (z.B. zeilenförmig angeordnete Wegaufnehmer und Abtastbewegung), erlauben eine Aussage über Gratbreite b_g als auch Grathöhe h_g, erfordern jedoch einen hohen Aufwand zur Führung des Meßsystems, Kompensation des Vorlaufs und zur Signalauswertung bei gekrümmten Oberflächen.

Sensorsysteme zur Erfassung der Oberflächengeometrie erfordern eine aufwendige Sollwerteingabe, die eine umfangreiche Konturbeschreibung voraussetzt. Eine Reduzierung des Programmieraufwandes könnte dabei über ein automatisches Abtasten einer Schablone oder eines manuell entgrateten Musterwerkstückes erreicht werden.

Zusammenfassend kann festgestellt werden, daß das Erfassen geometrischer Meßgrößen zwar eine unmittelbare Rückkopplung darstellt, da Ziel- und Meßgröße identisch sind, aber die meßtechnische Erfaßbarkeit in der Praxis an Grenzen stößt.

5.2.2 Technologische Meßgrößen

Die wichtigsten technologischen Meßgrößen zur Kennzeichnung des Prozeßzustandes sind:

- Schnittkraft
- Leistungsaufnahme des Werkzeugantriebes (Zerspanungsleistung)
- Drehzahl des Werkzeuges

Zur Verwirklichung der Zielgröße "Minimale Grathöhe" lassen die auf das Schleif- oder Fräswerkzeug einwirkenden Schnittkräfte zunächst keinen Schluß auf die momentane Grathöhe zu, da die Schnittkraft F_S eine Funktion des Produktes der Schnittiefe und der Schnittbreite b_c darstellt. Dies bedeutet, daß die Schnittkraft eine Aussage über die Größe des Zerspanungsquerschnittes A_c, nicht aber über dessen Lage und Form zuläßt. Dennoch kommt der Erfassung der auf das Werkzeug wirkenden Kräfte eine große Bedeutung zu, da bei einer entsprechenden Auswertung folgende meß- und regelungstechnischen Aufgaben erfüllt werden können:

- Programmieren einer Bahn mit definierter Normalkraft (Programmierhilfe). Die Anzeige der Anpreßkraft zwischen Werkstück und Werkzeug ermöglicht dem Programmierer die Anpreßkraft entsprechend den voraussichtlich auftretenden Gratquerschnitten anzupassen.
- Messen der Aufspanntoleranz und des Werkzeugverschleißes durch Antasten des Werkstückes.

- Einhalten konstanter Abtragsleistung durch eine entsprechende Regelung der Vorschubgeschwindigkeit
- Bearbeiten einer Werkstückkontur mit konstanter Normalkraft durch Regelung der Schnittiefe. Dies ermöglicht eine sogenannte Konturfolgesteuerung, bei der nur wenige Eckpunkte einprogrammiert werden und die Werkstückoberfläche mit konstanter Anpreßkraft abgefahren wird. Dadurch reduziert sich der Programmieraufwand und ein Umprogrammieren bei kleinen Veränderungen des Werkstückes kann entfallen.
- Kollisionsüberwachung für PHG und Peripherie.

Somit können über die Meßgröße "Schnittkräfte" unterschiedliche Strategien zur sensorgeführten Bearbeitung gratbehafteter Gußwerkstücke verwirklicht werden, wobei im Vergleich zu geometrischen Meßgrößen hierbei eine einfachere Meßwerterfassung prozeßbegleitend möglich ist.

Die Leistungsaufnahme des Werkzeugantriebes sowie die Drehzahl des Werkzeuges stellen Kenngrößen für den Zerspanungsprozeß dar, die mit geringem gerätetechnischen Aufwand erfaßt werden können. Die Entscheidung für die Meßgröße "Leistung" oder"Drehzahl" ist abhängig von dem Kennlinienverlauf und der dynamischen Charakteristik des Motors.

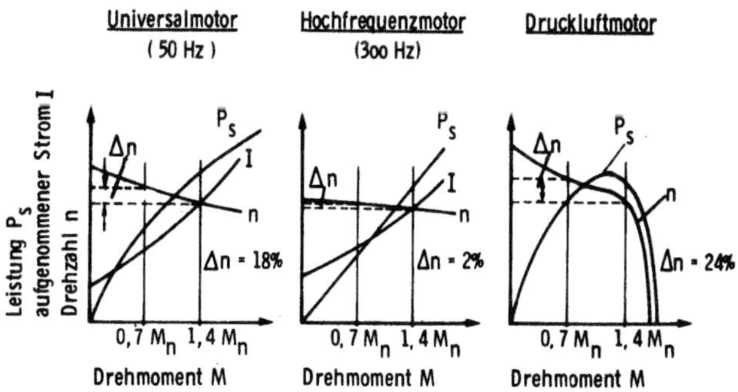

Bild 23: Kennlinienverläufe und Drehzahlabfall bei Belastungssprung von M_1 = 0,7 M_n auf M_2 = 1,4 M_n bei Antriebssystemen mit ähnlicher Leistung

Bild 23 zeigt, daß insbesondere der Hochfrequenzmotor eine, gegenüber Belastungsschwankungen stabile Drehzahl besitzt. Damit ist bei diesem Motorsystem die Meßgröße "Leistung" vorzuziehen. Der Druckluftmotor ist durch eine relativ instabile Drehzahlkennlinie charakterisiert, so daß er in Verbindung mit einem Drehzahlsensor vorteilhaft angewendet werden kann.
Die dynamische Charakteristik der Drehzahl- und Leistungsmessung der Antriebsmaschinen läßt sich mit hinreichender Genauigkeit durch eine Übergangsfunktion erster Ordnung (Zeitkonstante T_1) beschreiben. Aufgrund der im Signalfluß liegenden Trägheitsmomente nimmt die Zeitkonstante bei den üblichen Werkzeugantrieben relativ hohe Werte von ca. $T_1 = 35 \div 65$ ms an, so daß sich ein geglätteter Signalverlauf ergibt. Somit können Änderungen der Meßgröße im Frequenzbereich bis etwa 5 (...10) Hz erfaßt werden /22/. Dieser Frequenzbereich dürfte jedoch unter Berücksichtigung der relativ geringen Vorschubgeschwindigkeiten für die vorgesehenen meßtechnischen Aufgaben ausreichend sein.

Sensorsysteme, die auf der Leistungsmessung und Strommessung aufbauen, bieten den Vorteil, daß die eigentlichen Meßwertaufnehmer nicht in unmittelbarer Nähe des Zerspanungsprozesses eingebaut werden müssen und der Aufwand in der Kabelführung und Abschirmung erheblich reduziert wird. Entsprechend der eindimensionalen Natur des Meßergebnisses ist die Aussagefähigkeit über die Gratausprägung oder Gratlage gering, sie reicht jedoch aus, um ähnlich den ACC-Systemen bei Werkzeugmaschinen eine Leistungsausnützung des Werkzeuges und somit eine Verkürzung der Bearbeitungszeit zu erreichen. Änderungen der Werkzeuggeometrie oder der spezifischen Schnittkräfte müssen bei der Interpretation der Meßwerte berücksichtigt werden.
Zur Messung der Drehzahl bzw. Leistungsaufnahme ist eine breite Palette von geeigneten Aufnehmern und Auswerteschaltungen verfügbar /22/, so daß im Rahmen der vorliegenden Arbeit keine weiteren Entwicklungen vorgestellt werden.

5.3 Bewertung von Stellgrößen

5.3.1 Mögliche Stellgrößen und Schnittstellenproblematik

"Stellgrößen beeinflussen den Zustand oder Ablauf des Bearbeitungsprozesses an der Wirkstelle. Sie werden von der Regeleinrichtung zur Führung des Prozesses verändert" /44/. Abhängig von den Anforderungen der Bearbeitungsaufgabe und dem angestrebten Ziel kann beim Gußputzen mit PHG prinzipiell über die folgenden Stellgrößen der Prozeß beeinflußt werden:

- Vorschubgeschwindigkeit
- Drehzahl des Werkzeuges (Antriebsleistung)
- Schnittiefe (Positionssollwerte)
- Schnittanzahl (Programmablauf)

Gemeinsam allen vier Stellgrößen ist, daß über sie das Zerspanungsvolumen verändert wird und somit die primären Zielgrößen, wie minimale Grathöhe, Leistungsausnützung, aber auch sekundäre Ziele wie Schnittkraftbegrenzung erreicht werden können.

Bei der Verkettung eines PHG mit einem Sensor kommt der Darstellungsform der Stellgrößen an der Schnittstelle besondere Bedeutung zu. Neben der Festlegung für analoge oder digitale Signale ist insbesondere die Wahl zwischen absoluter (Vorgabe eines Absolutwertes) oder relativer Darstellungsform (relativ zum Ist-Wert) der Stellgröße für den Systemaufbau entscheidend. Die absolute Darstellung der Stellgröße setzt voraus, daß der Ist-Zustand der Regelgröße, sei dies nun Geschwindigkeit oder Position und Orientierung des Werkzeuges,dem Sensorrechner zugeführt wird. Bei der Rückführung der Positions-Ist-Daten können entweder die einzelnen Achspositionen des PHG oder - sofern die PHG-Steuerung eine Koordinatentransformation durchführen kann - die Position/Orientierung des Werkzeuges im kartesischen raumfesten Koordinatensystem angegeben werden.

Die Vorgabe der absoluten, über die Sensorsignale berechneten Positions-Soll-Werte an die PHG-Steuerung kann ebenfalls im Achskoordinatensystem des PHG oder in einem kartesischen Koordinatensystem erfolgen, wobei letzteres im Hinblick auf eine universelle

Sensorschnittstelle Vorteile aufweist.

Erfordert der Bearbeitungsprozeß keine absolute Darstellung der Stellgröße, so kann durch die relative Datenform ein Gesamtsystem mit einer einfachen Schnittstelle realisiert werden, da keine Rückführung der Positions- oder Geschwindigkeits-Ist-Werte in den Sensorrechner notwendig ist. In diesem Falle werden die aus den Sensorsignalen berechneten Korrekturwerte dem aktuellen Ist-Wert von Position bzw. Geschwindigkeit überlagert.

Als ein weiteres wichtiges Kriterium muß der Zeitpunkt und die Häufigkeit der Stellgrößenverarbeitung angesehen werden. Prinzipiell kann die Datenübernahme durch einen Interrupt des Sensors bei Überschreiten gewisser Grenzwerte oder in zeit- bzw. wegbezogenen Intervallen vorgenommen werden. Die Häufigkeit der Stellgrößenübertragung wird von den Qualitätsanforderungen, dem Bearbeitungsverfahren, aber auch von der Art der Stellgrößen beeinflußt. Während die Stellgröße "Schnittanzahl" nur am Ende eines Satzes bzw. Unterprogrammes eine Datenübergabe erfordert, ist bei einer Stellgröße, die prozeßbegleitend in das Bearbeitungsprogramm eingreift, eine wesentlich höhere Übertragungshäufigkeit notwendig. Soll z.B. über die Stellgröße "Spantiefe" eine konstante Anpreßkraft längs der Werkstückkontur erreicht werden, so ist hierbei aus regelungstechnischen Gründen eine Übertragungshäufigkeit in der Größenordnung der Abtastfrequenz des digitalen Lagereglers (ca. 25 ÷ 50 Hz) notwendig.

5.3.2 Vorschubgeschwindigkeit

Zur Beurteilung der Stellgröße "Vorschubgeschwindigkeit" ist der Stellbereich ein wichtiges Kriterium. Der notwendige Stellbereich der Bahngeschwindigkeit ist im wesentlichen abhängig von der Variation der Zerspanungsquerschnitte, der Belastungsfähigkeit des PHG und dem Bearbeitungsverfahren. Vorversuche /47/ zeigten, daß beim Fertigungsverfahren Schleifen (Entgraten, Trennen des Angußsystems) ein Stellbereich von 2 ÷ 300 mm/s ausreichend ist.

Die minimale Geschwindigkeit wird beim Abtrennen der Anschnittsysteme gefordert und wurde aufgrund der am untersuchten Werkstückspektrum auftretenden Angußquerschnitte festgelegt.
Der oben genannte Stellbereich der Geschwindigkeit wird von dem Großteil der heute verfügbaren, zum Gußputzen geeigneten PHG abgedeckt (Stellbereich $> 200 : 1$).

Bei Steuerungen mit Software-Interpolatoren kann über einen zentralen Geschwindigkeitswert, der im Takt des Lagereglers abgefragt wird, die Bahngeschwindigkeit beeinflußt werden. Bei Steuerungen, die eine manuelle Beeinflussung der Geschwindigkeit während des Automatikbetriebes vorgesehen haben, kann der zentrale Geschwindigkeitswert über einen Stufenschalter (sogenannter Override-Schalter)beeinflußt werden. Über diese Schnittstelle ist ein einfacher Anschluß des Sensorrechners zur absoluten Vorgabe der Vorschubgeschwindigkeit möglich. Eine typische Zeitkonstante bei einer sprunghaften Änderung der Sollgeschwindigkeit ist $T_1 = 50 \div 100$ms, so daß sich für den vorgesehenen Einsatzbereich eine ausreichende Dynamik mit dieser Stellgröße erzielen läßt.

5.3.3 Schnittiefe

Über eine Beeinflussung der Werkzeugbahn (Schnittiefenänderung) kann das Bearbeitungsprogramm des PHG den auftretenden werkstück- und werkzeugspezifischen Toleranzen angepaßt werden. Eine Bahnänderung kann entweder prozeßbegleitend oder vor dem Zerspanungsprozeß stattfinden. Zur Beschreibung der Bahnänderung müssen minimal Größe und Richtung der Korrektur sowie die Länge des zu verschiebenden Konturabschnittes angegeben werden. Während die Größe der Bahnkorrektur in der Regel ohne Schwierigkeiten aus der Meßgröße errechnet werden kann, läßt sich die Richtung der Korrektur prinzipiell nur über die Schnittkräfte berechnen. Da hierbei sowohl die Meßgrößen als auch die Stellgrößen in ein gemeinsames Koordinatensystem übergeführt werden müssen, ist ein erheblicher Transformationsaufwand zu erwarten.
Eine weniger aufwendige Bestimmung der Korrekturrichtung wird er-

möglicht, indem die Korrekturrichtung in einen festen Bezug zur Greiferorientierung des PHG (Stellung der Handachsen) und zum Bahnvektor gesetzt wird. Dies setzt voraus, daß beim Programmieren die Greiferorientierung in einem konstanten Winkel zur Oberflächennormale geführt wird.

Ist diese Forderung nicht zu erfüllen, so kann für jede Gratkante explizit eine Korrekturrichtung, z.B. durch Einprogrammieren eines Korrekturvektors, eingegeben werden. Als weiteres Argument muß die Korrekturgeschwindigkeit, d.h. die Zeit, in der das PHG den Korrekturvektor abfährt, vorgegeben werden. Dabei müssen aus Stabilitätsgründen die Länge des Korrekturvektors und die Geschwindigkeit aufeinander abgestimmt werden /14/.

Enthält die PHG-Steuerung keine entsprechende Schnittstelle für die Datenübernahme zur Bahnkorrektur, so können die Stellgrößen nur über Zusatzantriebe zwischen Werkzeug und letzter PHG-Achse oder über eine Änderung der Anpreßkraft verwirklicht werden (siehe Bild 24).

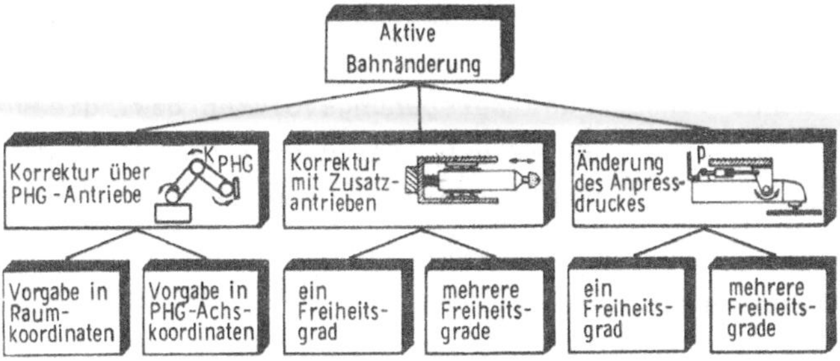

Beurteilungskriterien			
Voraussetzungen der PHG-Steuerung	spezielle Schnittstelle notwendig. Koord. transformation in Sensor | Steuerung	keine spezielle Schnittstelle Steuerung über periphere NC-Achse Synchronisation über Verkettungssignale	keine spezielle Schnittstelle periphere Steuerung Synchronisation über Verkettungssignale
kleinster verfahrbarer Schritt	> 0,1 mm	< 0,1 mm	bzgl. Weg nicht definiert
typische Zeitkonstante	50 ÷ 100 ms	10 ÷ 50 ms	< 50 ms (Schaltventil) > 800 ms (U/p-Wandler)
zusätzlicher Bauaufwand	niedrig	hoch	mittel

U/p = Spannung-/Druck-Wandler

Bild 24: Systematik der Stellgrößen zur Bahnkorrektur

Bezüglich des dynamischen Verhaltens (Zeitkonstante) und des kleinsten verfahrbaren Schrittes weisen elektrische Zusatzantriebe am PHG Vorteile auf. Aufgrund des zusätzlichen Bauaufwandes erscheint die Anwendung jedoch nur bei Aufgaben mit sehr hohen dynamischen Anforderungen und sehr kleiner Auflösung (untypisch für Gußputzen) sinnvoll.

5.3.4 Schnittanzahl

In Verbindung mit einer elastischen Werkzeugaufhängung (konstante Anpreßkraft durch Pneumatikzylinder) kann durch eine Variation der Schnittanzahl das Zerspanungsvolumen bzw. die verbleibende Grathöhe beeinflußt werden. Für die Verwirklichung der Stellgrösse müssen als Parameter vorgegeben werden:

- Anzahl der Wiederholungen
- Rücksprungadresse
- Rücksprungbahn

Die Stellgröße "Schnittanzahl" kann bei dem Großteil der für Werkzeughandhabung geeigneten PHG (siehe /42/) angewendet werden, wenn der Programmerstellung folgendes Verfahren zugrunde liegt:

Bei der Programmierung werden Konturabschnitte mit ähnlicher Gratausprägung in einem Unterprogramm zusammengefaßt. Die einzelnen Unterprogramme werden mit Hilfe des Sensors sooft aufgerufen, bis der gewünschte Materialabtrag erfolgt ist. Da Rücksprungbahn und Rücksprungadresse ebenfalls im Unterprogramm definiert sind, ist die Vorgabe des Parameters "Anzahl der Wiederholungen" ausreichend.

Bei neueren Steuerungsentwicklungen /13/, die die Möglichkeit eines bedingten Sprunges haben, kann die Entscheidung über eine weitere Wiederholung direkt von der PHG-Steuerung getroffen werden, so daß ein einfacher Systemaufbau erreicht wird.

Komplexere Strategien zur Schnittaufteilung /44/, bei denen prozeßbegleitend Zwischensätze für das Zurücksetzen des Werkzeuges berechnet werden (variable Rücksprungadresse, definierte Schnitttiefe),wurden im Bereich des Werkzeugmaschinenbaus entwickelt. /21, 39, 44/. Eine Übertragung derartiger ACC-Systeme mit Schnittaufteilung auf PHG-Steuerungen ist für den Anwender jedoch mit einem erheblichen gerätetechnischen- und programmiertechnischen Aufwand verbunden, so daß deren praktischer Einsatz in naher Zukunft nicht zu erwarten ist.

5.4 Strategien zur Sensorsignalverarbeitung

Verschiedenartige Kombinationen der aufgezeigten Meß- und Stellgrößen erlauben die Realisierung einer Vielzahl von Strategien. Die Strategie muß der Bearbeitungsaufgabe, der Zielsetzung und der Leistungsfähigkeit des PHG angepaßt werden. Wichtige Kriterien bei der Auswahl einer Strategie können sowohl aus dem mechanischen Aufbau als auch aus der Steuerung des PHG abgeleitet werden:

- Wiederhol- und Absolutgenauigkeit des PHG
- Steifigkeit des PHG
- Auslastung des Steuerungsrechners
- Möglichkeiten zur externen Datenvorgabe (Sensorschnittstelle)
- Stellbereich der Geschwindigkeit und Bahnkorrektur
- Dynamisches Verhalten des PHG bei einer Sensoranschaltung (Zeitkonstante, Grenzfrequenz).

Nach dem Zeitpunkt der Meßwerterfassung kann unterschieden werden zwischen:

- intermittierender Meßwerterfassung vor dem Bearbeitungsprozeß
- kontinuierlicher Meßwerterfassung während des Bearbeitungsprozesses (s. Bild 25).

Findet die Meßwerterfassung vor dem Bearbeitungsprozeß statt, so können dabei nur geometrische Meßgrößen erfaßt und das Bearbeitungsprogramm vor oder während des Bearbeitungsprozesses verändert werden. Da in diesem Fall die Anzahl der zu erfassenden Parameter sowie die Übergabehäufigkeit des Meßwertes gering sind, kann eine einfache Sensorsignalverarbeitung ohne zeitkritische Anteile erreicht werden. Eine evtl. zur Stellgrößenberechnung notwendige Koordinatentransformation kann entweder für die Gesamtheit der zu transformierenden Bahnpunkte vor dem Bearbeitungsprozeß oder prozeßbegleitend beim Abruf der jeweiligen Achskoordinaten aus dem Arbeitsspeicher durchgeführt werden.

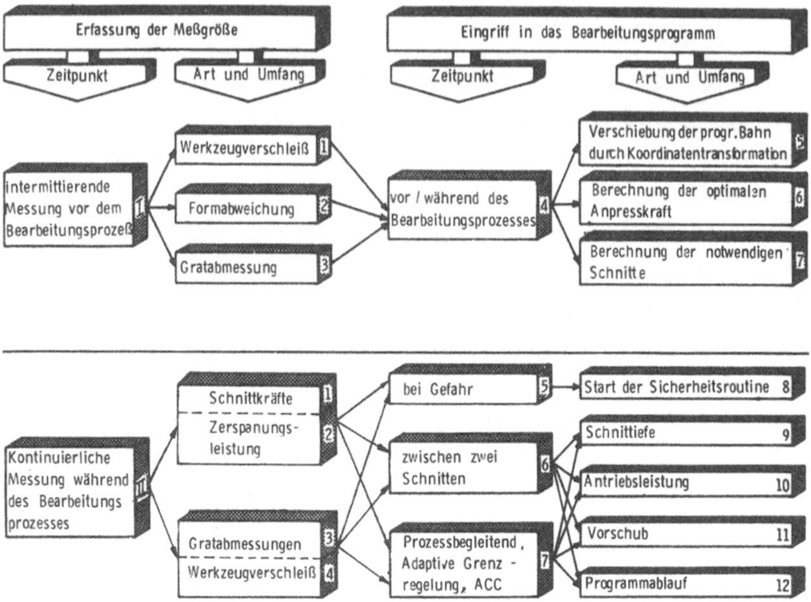

Verknüpfung/ Strategie		notw. Voraussetzungen der PHG-Steuerung	Zielgröße	Datenfluß: Anzahl der Parameter	Datenfluß: Übergabehäufigkeit [1/s]	Programmierunterstützung	Prozessüberwachung
I	1, 4, 5	Schnittstelle für Bahnkorrektur	Geometrie	1	≤ 1	nicht möglich	nicht möglich
	3, 4, 7	externer Unterprogrammaufruf	Geometrie (Technologie)	1	≤ 1	nicht möglich	nicht möglich
II	1, 5, 8	Programmunterbrechung u. Unterpr.-aufruf (Interrupt)	——	1	(Interrupt)	nicht möglich	möglich
	1, 6, 12	externer Unterprogrammaufruf	Technologie (Geometrie)	1-6**	≤ 1	möglich	nicht möglich
	1, 7, 9	Bahnkorrektur* (hohe Grenzfrequenz des Lageregelkreises)	Technologie (Geometrie)	1-6	≥ 10	möglich	möglich
	1, 7, 11 2, 7, 11	Schnittstelle für Geschw.-korrektur	Technologie	1-6	≥ 10	möglich	möglich
	3, 7, 9	Bahnkorrektur* (hohe Grenzfrequenz des Lageregelkreises)	Geometrie	1	≥ 10	möglich	möglich

*Durchführung der Bahnkorrektur über PHG-Antriebe **bis zu jeweils 3 Kraft/Momentkomponenten

Bild 25: Mögliche Verknüpfung zwischen Meß- und Stellgröße und Bewertung verschiedener Strategien

Erfolgt die Meßwerterfassung und -verarbeitung prozeßbegleitend (kontinuierliche Meßwerterfassung), muß ein wesentlich höherer Datenfluß im Sensorsystem verarbeitet werden.
Soll über eine Sensoranwendung nur eine Überwachung des Zerspanungsprozesses im Hinblick auf Werkzeugbruch, Überlast und Kollision erreicht werden, so kann über die Meßgrößen "Schnittkräfte" und "Zerspanungsleistung" eine Programmroutine aktiviert werden, die das PHG in eine sichere Position fährt (Verknüpfung: II, 1, 5, 8).
Bei mehrmaligem Überfahren derselben Werkstückkontur können die in Bild 25 dargestellten Stellgrößen zwischen zwei Schnitten aktiviert werden. Sollen diese Stellgrößen prozeßbegleitend in das Bearbeitungsprogramm eingreifen (Adaptive Control), so ist hierfür eine regelungstechnische Optimierung des gesamten Regelkreises notwendig.

Wie Bild 25 zeigt, können mit mehreren unterschiedlichen Strategien neben der technologischen bzw. geometrischen Zielgröße auch eine Programmierunterstützung und eine Prozeßüberwachung erreicht werden. Mit zunehmender Anzahl der zu übergebenden Parameter und der Übergabehäufigkeit sind zeitkritische Auswertealgorithmen durchzuführen, die bei der Konzeption der Sensorsignalverarbeitung und der Sensorschnittstelle des PHG entsprechend berücksichtigt werden müssen.

Zur Ermittlung der Leistungsfähigkeit und zur Abgrenzung des Anwendungsbereiches verschiedener Strategien sollen im Rahmen der vorliegenden Arbeit je ein System mit technologieorientierter Zielsetzung und geometrieorientierter Zielsetzung erprobt werden. Die wesentlichsten Entwicklungsschritte der dafür notwendigen Sensoren werden in den folgenden beiden Kapiteln aufgezeigt.

6 Entwicklung von Kraft- und Momentsensoren

6.1 Entwicklungskriterien

6.1.1 Art der Meßgröße

Wesentliche Bestimmungsparameter für einen Kraft- und Momentaufnehmer sind die Art der Meßgröße und Meßgrößenumformung, Meßort und die Art der Komponententrennung. Die Art und Anzahl der zu erfassenden Kraft- und Momentkomponenten richtet sich nach der zu realisierenden Strategie des adaptiven Systems und hat einen wesentlichen Einfluß auf die Komplexität des gesamten Gußputzsystems. Während bei der skalaren Stellgröße "Vorschubgeschwindigkeit" oft nur der Betrag der summarischen Schnittkraft als Meßgröße ausreicht, müssen bei der vektoriellen Stellgröße "Schnittiefe" Betrag und Richtung der Schnittkraft mittels eines Mehrkomponentenaufnehmers (MKA) erfaßt werden.

Beim Schleifen und Fräsen treten im allgemeinen Fall die Schnittkraftkomponenten F_T (Tangentialkraft), F_N (Normalkraft) und F_A (Abdrängkraft) am Eingriffspunkt P_E auf (siehe Bild 26).

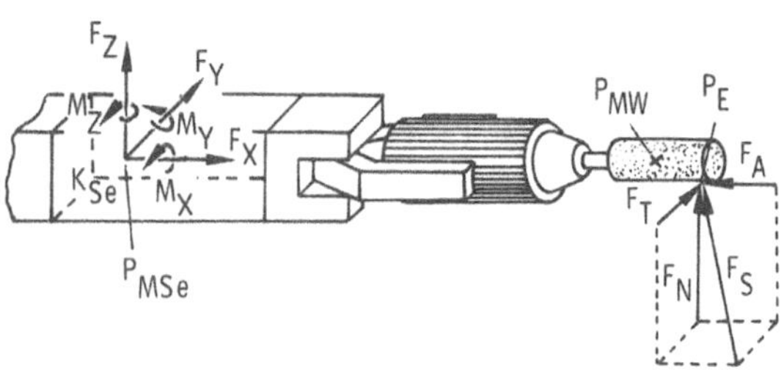

Bild 26: Darstellung der Kräfte und Momente am Entgratwerkzeug und Aufnehmer

Die Schnittkraftkomponenten erzeugen im Aufnehmermittelpunkt ein Kräftetripel (F_x, F_y, F_z) und ein Momententripel (M_x, M_y, M_z), die über einen 6-Komponentenaufnehmer erfaßt werden können. Eine Auswertung (Auflösung eines linearen Gleichungssystems) der sechs gemessenen Größen führt zu den gesuchten Schnittkraftkomponenten und zu der Lage des Kraftangriffspunktes im Sensorkoordinatensystem.

Da der Aufwand für den Bau des Sensors mit der Anzahl der zu erfassenden Komponenten erheblich ansteigt, soll durch eine Vereinfachung der in Bild 26 dargestellten geometrischen Beziehungen der Fertigungsaufwand des Sensors verringert werden.

Unter der Annahme, daß der Abstand $\overline{P_{MW} P_E}$ klein gegenüber $\overline{P_{MW} P_{MSe}}$ ist, kann der variierende und somit unbekannte Kraftangriffspunkt mit dem bekannten Werkzeugmittelpunkt gleichgesetzt werden. Durch diese Vereinfachung können die drei Schnittkraftkomponenten F_A, F_T und F_N mit einem Dreikomponentenaufnehmer erfaßt werden. Bild 27 zeigt eine zusammenfassende Darstellung der möglichen Meßgrößen in Abhängigkeit von der Komponentenanzahl des Aufnehmers.

Anzahl der zu erfassenden Komponenten	Meßgrößen	Restriktionen
6	– 3 Schnittkraftkomponenten und Lage des Kraftangriffspunktes	– Am Werkzeug greifen nur Kräfte und keine freien Momente an
4	– 3 Schnittkraftkomponenten F_A, F_T, F_N – 1 Moment (z. B. Bohren)	– Abstand Kraftangriffspunkt - Werkzeugmittelpunkt ist vernachlässigbar klein – Lage des Werkzeugmittelpunktes ist bekannt
3	– 3 Schnittkraftkomponenten F_A, F_T, F_N	– Am Werkzeug greifen nur Kräfte an – Abstand Kraftangriffspunkt - Werkzeugmittelpunkt ist vernachlässigbar klein – Lage des Werkzeugmittelpunktes ist bekannt
2	– 2 Schnittkraftkomponenten F_T, F_N	– Abstand Kraftangriffspunkt - Werkzeugmittelpunkt ist vernachlässigbar klein – Lage des Werkzeugmittelpunktes ist bekannt – F_A ist vernachlässigbar klein – Am Werkzeug greifen nur Kräfte an

Bild 27: Bestimmung der notwendigen Komponentenanzahl eines Mehrkomponentenaufnehmers

6.1.2 Verfahren zur Meßgrößenumformung

Das Verfahren zur Meßgrößenumformung bestimmt wesentlich die statische und dynamische Charakteristik des Kraft- und Momentaufnehmers. Entwicklungsarbeiten zeigen, daß zur Kraft-/Momenterfassung bei PHG das piezoelektrische /24/ und magnetoelastische /31/ Verfahren oder eine kraftabhängige Induktivitätsänderung oder Widerstandsänderung /28/ ausgenützt werden kann.

Ein Vergleich der verschiedenen Verfahren und Aufnehmer bezüglich der erstellten Anforderungen läßt eine Kraft-/Momenterfassung mit Dehnmeßstreifen (DMS) geeignet erscheinen, da diese folgende Vorteile aufweisen:

- hohe Empfindlichkeit und anpaßbarer Meßbereich ermöglichen eine universelle Anwendung,
- gutes dynamisches Übertragungsverhalten, da ein steifer Sensorbau möglich ist,
- geringe Fehlereinstreuung durch Temperatur oder elektromagnetische Felder (Funktionssicherheit),
- großes Geräteangebot zur Signalverarbeitung.

Dabei besitzen Halbleiter-DMS noch eine wesentlich höhere Empfindlichkeit als Draht- oder Folien-DMS, jedoch sind letztere wegen der geringen Temperatur- und Langzeitdrift für Messungen unter den auftretenden Betriebsbedingungen wesentlich besser geeignet /49/.

6.1.3 Anordnung des Aufnehmers im Kraftfluß

Grundsätzlich lassen sich die Schnittkräfte an jeder Stelle des Kraftflusses erfassen und über eine Koordinatentransformation auf den Kraftangriffspunkt P_E zurückrechnen. Bei der Auswahl eines Einbauortes für den Aufnehmer muß ein Kompromiß zwischen dem Umfang der Koordinatentransformation und der Güte des dynamischen Übertragungsverhaltens hingenommen werden. Bei einer Krafterfassung unmittelbar am Werkzeug kann mit einem zufriedenstellenden dynamischen Übertragungsverhalten gerechnet werden, da keine negative Beeinträchtigung durch im Kraftfluß liegende Verzögerungsglieder (Elastizitäten, Getriebespiele) zu erwarten ist. Hierbei erscheint jedoch eine umfangreiche Koordinatentransformation, die die Positionen aller sechs PHG-Achsen berücksichtigt, zur Berechnung der Schnittkräfte im raumfesten System K_{Ra} notwendig.

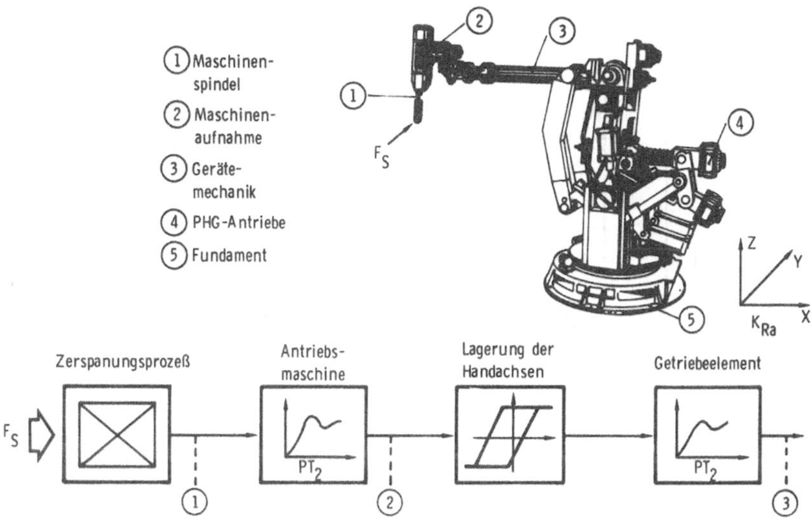

<u>Bild 28:</u> Einfluß des Meßortes auf das Übertragungsverhalten

Das Übertragungsverhalten der im Kraftfluß liegenden, elastischen Übertragungselemente kann näherungsweise durch ein Verzögerungsglied zweiter Ordnung (PT_2) beschrieben werden. Mit zunehmender Anzahl der zwischen dem Kraftangriffspunkt und dem Aufnehmer liegenden PHG-Achsen verschlechtert sich, wegen der sich aufsummierenden Zeitkonstanten der Verzögerungsglieder, das dynamische Übertragungsverhalten (s. <u>Bild 28</u>). Das Erfassen schneller Kraftänderungen, wie sie beim Abtrennen von Anschnittsystemen vorkommen ist somit am Meßort ③,④,⑤ wesentlich erschwert. Ein reaktionsschnelles System ist jedoch eine Voraussetzung zur Realisierung verschiedener Strategien zur Sensorsignalverarbeitung, so daß für die folgenden Aufnehmerentwicklungen die Kräfte zwischen Antriebsmaschine und Handachsen erfaßt werden sollen (Meßort ②).

6.1.4 Verfahren zur Komponententrennung

Der Zusammenhang zwischen den auf den Aufnehmer einwirkenden Kraftkomponenten und den Meßsignalen kann durch ein lineares Gleichungssystem bzw. eine Matrix beschrieben werden. Die Koeffizienten der Matrix beschreiben den Einfluß der jeweiligen Belastungskomponente (z.B. F_X) auf die Ausgangssignale des Mehrkomponentenaufnehmers.

$$\begin{bmatrix} U_1 \\ U_2 \\ \vdots \\ U_i \end{bmatrix} = \begin{bmatrix} k_{11} & \cdots & k_{16} \\ k_{21} & \cdots & k_{26} \\ \vdots & & \vdots \\ k_{i1} & \cdots & k_{i6} \end{bmatrix} \times \begin{bmatrix} F_x \\ F_y \\ \vdots \\ M_z \end{bmatrix} \qquad (1)$$

oder in Matrizenschreibweise

$$\vec{U} = H \times \vec{B}$$

Da für die gestellte Aufgabe die am Aufnehmer angreifenden Kräfte und Momente als Unbekannte anzusehen sind, wird die Matrizengleichung umgeformt zu:

$\vec{B} = H^{-1} \times \vec{U}$; ($H^{-1}$ = Entkopplungsmatrix).

Eine eindeutige Auflösung ist nur möglich, wenn mindestens sechs unabhängige Gleichungen vorliegen, bzw. wenn sechs der i Meßsignale nicht redundant sind.

Jedes Meßsignal U_i ($i = 1 \div 6$) setzt sich maximal aus den Einflüssen aller sechs Kraft-/Momentkomponenten zusammen. Je mehr Koeffizienten k_{ij} in einer Zeile der Kopplungsmatrix von Null verschieden sind, um so mehr Summanden bilden das Summensignal U_i und um so kleiner ist der Teil des elastischen Verformungsbereiches, der einer einzelnen Komponente des Kraft-Moment-Vektors zur Verfügung steht. Deshalb sollten möglichst viele Koeffizienten k_{ij} Null sein, da sich dann ein guter Ausnutzungsgrad des Linearitätsbereiches durch die einzelnen Komponenten des Kraft-Moment-Vektors ergibt und somit der relative Meßfehler verkleinert wird. Diese Forderung bedeutet, daß über die Mechanik des Aufnehmers eine weitgehende Komponententrennung erreicht werden muß, so daß die einzelnen Kraft- und Momentkomponenten jeweils nur eine Meßstelle beeinflussen.

Bei Mehrkomponentenaufnehmern, die DMS zur Meßgrößenumformung verwenden, können die in Bild 29 gezeigten Prinzipien zur mechanischen Trennung der Belastungskomponenten verwirklicht werden.

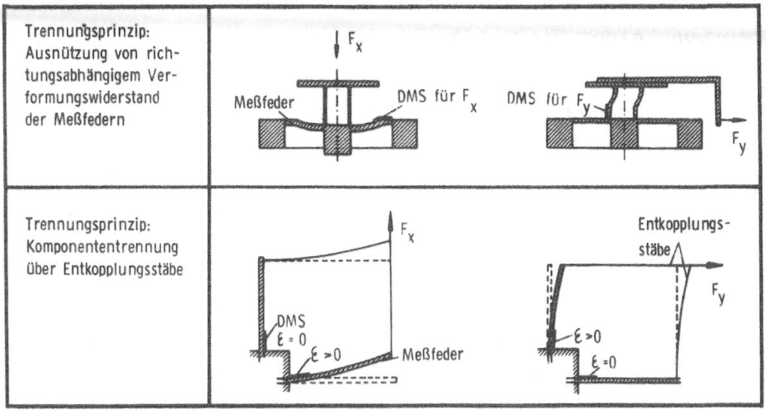

Bild 29: Prinzipielle Lösungsmöglichkeiten zur Komponententrennung mit Dehnmeßstreifen

Aufnehmer, die den richtungsabhängigen Verformungswiderstand von geeigneten Verformungskörpern (z.B. Meßfedern) ausnützen, erlauben den Bau eines kompakten Aufnehmers, wobei jedoch komplexe Spannungszustände entstehen können, die die Genauigkeit des Aufnehmers negativ beeinflussen. Das Prinzip der Entkopplungsstäbe ermöglicht eine weitreichende Komponententrennung und somit eine hohe Meßgenauigkeit, jedoch ist hierbei der Fertigungsaufwand - bedingt durch die aufwendige Justage der Entkopplungsstäbe - sehr hoch.

6.2 Bauformen von Mehrkomponentenaufnehmern

Ein optimaler Einsatz eines Mehrkomponentenaufnehmers erfordert eine Abstimmung der wichtigsten technischen Merkmale, wie z.B. Anzahl der zu erfassenden Komponenten, Meßgenauigkeit, Meßbereich und Baugröße auf die Bearbeitungsaufgabe. Da eine gegenseitige Beeinflussung dieser Merkmale zu erwarten ist, kann kein einzelner Aufnehmer alle Anforderungen optimal befriedigen. Deshalb sollen im folgenden Aufnehmer mit unterschiedlichem Schwerpunkt in der

Zielsetzung entwickelt und deren Leistungsdaten vergleichend dargestellt werden.

Aufnehmern, deren konstruktiver Aufbau und deren Wirkungsweise in den folgenden Abschnitten beschrieben werden, ist eine elastische Verformung eines Biegebalkens, die über Dehnmeßstreifen erfaßt wird, gemeinsam. Als Werkstoffe wurden hochfeste und hysteresefreie Al-Legierungen und hochlegierte Stahlwerkstoffe, die sich bei industriell hergestellten Kraftaufnehmern /49/ bewährt haben, verwendet. Die Aufnehmerbezeichnung erfolgt nach der Anzahl der Komponenten und dem Meßbereich für F_x in N(z.B.Typ 4/1000).

6.2.1 Vier-Komponentenaufnehmer auf DMS-Basis

6.2.1.1 Aufbau des Aufnehmers

Für die konstruktive Gestaltung dieses Aufnehmers (Typ 4/1000) war die Forderung bestimmend, bei möglichst kompakter und robuster Bauweise eine Kraftkomponente (1000 N) und 3 Momentkomponenten (ca. 50 Nm) zu erfassen. Vorversuche /47/ haben gezeigt, daß diese Forderung von einem Verformungskörper erfüllt wird, der die Gestalt eines Rades hat und dessen vier Speichen elastisch verformt werden (Speichen- Nabe-Prinzip). Bild 30 zeigt den mechanischen Aufbau des Aufnehmers sowie die Anordnung und Verschaltung der DMS.

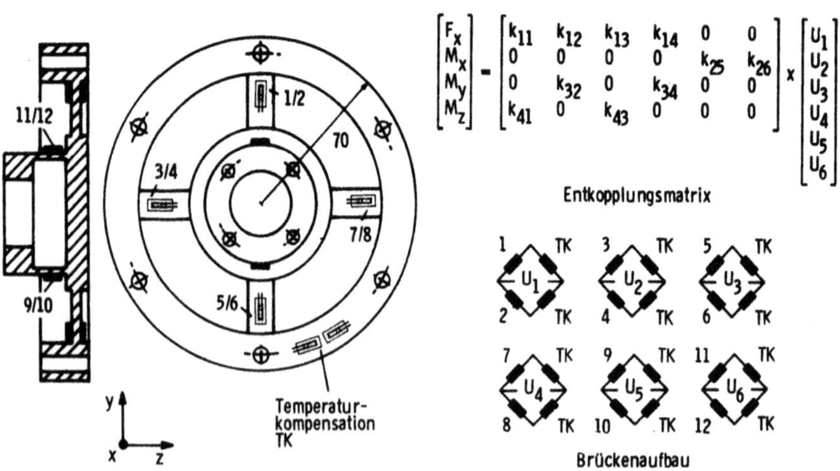

$$\begin{bmatrix} F_x \\ M_x \\ M_y \\ M_z \end{bmatrix} = \begin{bmatrix} k_{11} & k_{12} & k_{13} & k_{14} & 0 & 0 \\ 0 & 0 & 0 & 0 & k_{25} & k_{26} \\ 0 & k_{32} & 0 & k_{34} & 0 & 0 \\ k_{41} & 0 & k_{43} & 0 & 0 & 0 \end{bmatrix} \times \begin{bmatrix} U_1 \\ U_2 \\ U_3 \\ U_4 \\ U_5 \\ U_6 \end{bmatrix}$$

Bild 30: 4-Komponentenaufnehmer Typ 4/1000

Der Aufnehmer ist insgesamt mit 6 DMS-Vollbrücken bestückt, wobei die aktiven DMS so angeordnet sind, daß die zu messenden Komponenten an der Meßstelle ein Dehnungsmaximum erzeugen. Die Berechnung von F_x, M_y und M_z erfolgt über die Brückenspannungen $U_1 \div U_4$. Das Torsionsmoment M_x wird über die am Torsionszylinder angebrachten DMS (Brückenspannung $U_{5/6}$) erfaßt, wobei die Speichen bei dieser Belastungsart ein großes Widerstandsmoment bzw. kleine Verformungen aufweisen, so daß dadurch ein Übersprechen auf andere Komponenten weitgehend verhindert wird.

Zur Erhöhung der Betriebssicherheit ist der Aufnehmer mit einer Überlastsicherung ausgestattet. Dabei wird der Verformungsweg in jeder Meßachse mechanisch begrenzt. Der zulässige Verformungsbereich des Aufnehmers muß so eingestellt werden, daß ein Blokkieren erst kurz vor Erreichen der Fließgrenze einsetzt und bei allen vier Belastungskomponenten der elastische Verformungsbereich ausgenützt werden kann.

6.2.1.2 Berechnung der Verformungskörper

Die Bemessung der Verformungskörper wird sowohl durch die geforderte maximale Last, als auch durch die gewünschte Empfindlichkeit bestimmt. Die höchstzulässige Dehnung eines Dehnmeßstreifens bei dynamischer Belastung liegt nach Herstellerangaben /49/ bei ca. 1 % und ist somit über dem zulässigen Dehnungswert für die verwendeten Aufnehmermaterialien, so daß in der Regel das Aufnehmermaterial die zulässige Dehnung begrenzt ($\xi_{zul} = 0{,}2$ %). Als kleinste meßbare Dehnung des DMS soll $\xi_{min} = 10^{-6}$ angesetzt werden.

Da bei der Belastung des Aufnehmers nur kleine Auslenkungen der Speiche zulässig sind, kann die Dimensionierung der Speichen nach der Balkenbiegetheorie erfolgen. Die Herleitung der Biegelinie und der Dimensionierungsformeln erfolgt an dem in Bild 31 dargestellten Berechnungsmodell. Eine weitgehende Übereinstimmung der rechnerisch ermittelten und der meßtechnisch erfaßten Dehnungswerte läßt darauf schließen, daß dieses Modell mit einer festen Einspannung und einer parallelen Führung zur Dimensionierung der Aufnehmermechanik geeignet ist.

Biegelinie: $y = \frac{F_x \cdot x^2 \cdot l}{4 \cdot 12\,B}\left(3 - \frac{2x}{l}\right)$

$$B = E \cdot \frac{b \cdot h^3}{12} \quad (2)$$

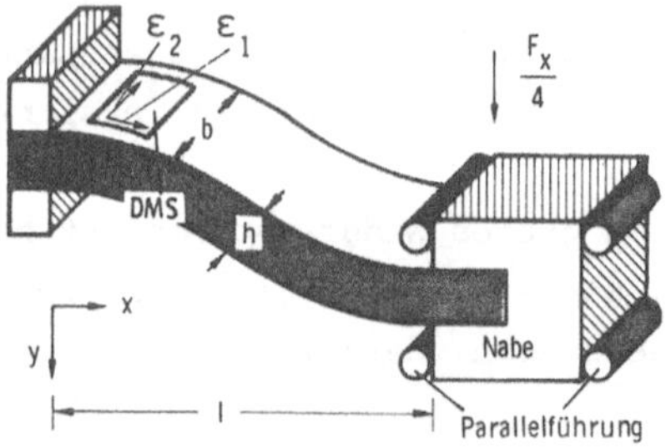

Dimensionierungsformeln:

$$\varepsilon_1 = f(F_x) = \frac{3 F_x \cdot l}{4 E \cdot b \cdot h^2} \quad (3)$$

$$\varepsilon_2 = f(M_x) = \frac{l \cdot M_x \cdot 3}{d_N \cdot b^2 \cdot h \cdot E \cdot 2} \quad (4)$$

$$\varepsilon_{1,2\,(zul)} = 0{,}2\,\%$$

Bild 31: Berechnungsmodell für den Verformungskörper

Die zweite Ableitung der Biegelinie (y") zeigt, daß die maximale Dehnung beim Lastfall F_x an den Einspannstellen auftritt und somit die der Kraft F_x zugeordneten DMS möglichst nahe der Einspannstellen angeordnet werden sollten. Bei einer durch die geometrischen Anschlußbedingungen fest vorgegebenen Balkenlänge l können aus (3) und (4) die Abmessungen der Speichen berechnet werden. Für den Belastungsfall $M_{y,z}$ gilt eine, zum Belastungsfall M_x analoge Beziehung, so daß der geforderte Meßbereich für $M_{y,z}$ damit überprüft werden kann.

6.2.1.3 Berechnung der Spannungszustände nach der Finite-Elemente-Methode

Da ein derartiger Aufnehmer ein statisch unbestimmtes System darstellt, können die auftretenden Spannungen nur näherungsweise über die Balkenbiegetheorie berechnet werden. Die meßtechnische Applikation von DMS erfordert jedoch eine genaue Kenntnis über die Verformungs- und Spannungszustände an der Bauteiloberfläche. Zu deren Berechnung bei unterschiedlichsten Lastfällen eignet sich die Finite-Elemente-Methode (siehe Bild 32).

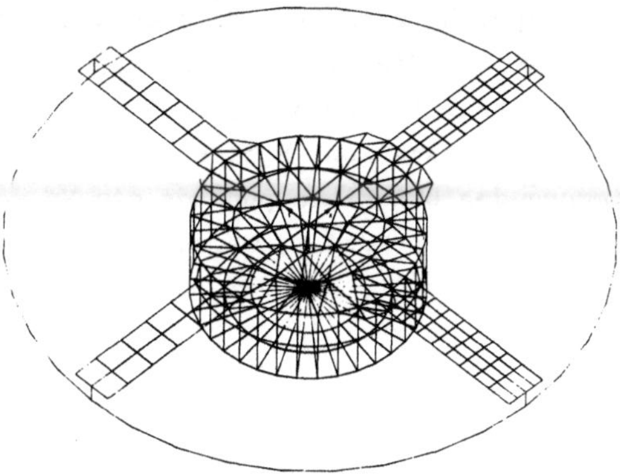

Bild 32: Finite-Elemente-Modell des 4-Komponenten-Aufnehmers

Als eines der wesentlichsten Ergebnisse der FEM-Rechnung kann die Bestimmung der optimalen Meßposition (Applikationsmittelpunkt) der DMS angesehen werden. Durch eine Betrachtung der Spannungszustände bei verschiedenen Lastfällen können Spannungsüberlagerungen und Randeinflüsse an den Einspannstellen mitberücksichtigt werden.

In Bild 33 ist beispielhaft das Spannungsgebirge für die Zugspannung σ_z an der Oberseite der Speichen bei Belastung des Aufnehmers mit M_z = 50 Nm dargestellt.

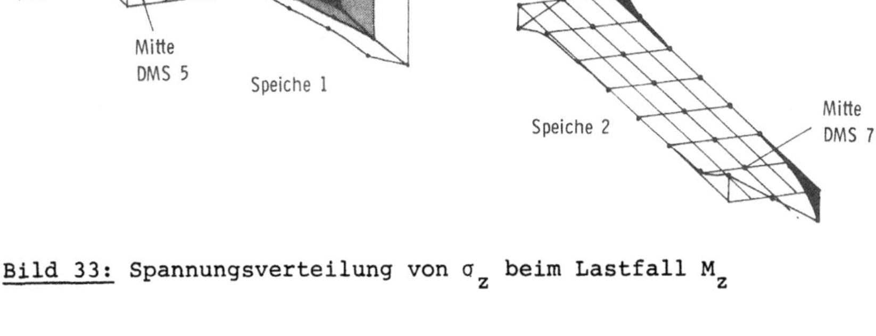

Bild 33: Spannungsverteilung von σ_z beim Lastfall M_z

Bild 33 zeigt, daß die bei diesem Lastfall im wesentlichen auf Torsion beanspruchte Speiche 2 insbesondere an den Einspannstellen Zugspannungen aufweist, die einen systematischen Meßfehler (Übersprechen) verursachen. Andererseits besitzt die zu messende Spannung σ_z an den Einspannstellen (Speiche 1) ein Maximum, so daß bei der Bestimmung des DMS-Mittelpunktes ein Kompromiß zwischen systematischem Meßfehler und Meßwertauflösung gefunden werden muß. Die FEM-Rechnung zeigt, daß der optimale Applikationsmittelpunkt ca. 0,12 x l von der Einspannstelle entfernt liegt.

6.2.1.4 Ermittlung der Eigenfrequenzen

Neben der statischen Auslegung der Verformungskörper ist die Forderung nach möglichst hohen Eigenfrequenzen des Aufnehmers zu beachten. Als Beschreibungsmodell für das dynamische Verhalten des Aufnehmers bietet sich der Einmassenschwinger an /50/, dessen Eigenfrequenz bei einem kleinen Dämpfungsmaß näherungsweise sich wie folgt berechnet (Lastfall M_x):

$$f_{M_x} = \frac{1}{2\pi}\sqrt{\frac{c_{M_x}}{\theta_x}} \qquad (5)$$

c_{M_x} = Drehfederkonstante des Aufnehmers (Drehung um x-Achse)

θ_x = Trägheitsmoment um x-Achse

Werden in (5) die gemessene Federkonstante bzw. das Trägheitsmoment herkömmlicher Gußputzwerkzeuge eingesetzt, so ergeben sich Eigenfrequenzen f für Lastfall M_x im Bereich von 180 Hz und nach einer entsprechenden Rechnung für Lastfall F_x im Bereich von 30 Hz.

Hochfrequente Kraft-/Momentschwingungen, deren Frequenzinhalte in den Bereich der Eigenfrequenz des Aufnehmers fallen, werden in Abhängigkeit von der Systemdämpfung entsprechend amplituden- und phasenverzerrt wiedergegeben. Läßt man eine 10-%-ige Amplitudenüberhöhung zu, so beträgt unter Berücksichtigung des aufnehmerspezifischen Dämpfungsfaktors die maximal zulässige Meßfrequenz 30 % der Eigenfrequenz /22/. Damit können mit diesem Aufnehmertyp Kraft-/Momentschwingungen bis zu 10 Hz erfaßt werden, so daß sich für den vorgesehenen Anwendungsbereich ein ausreichendes dynamisches Verhalten erzielen läßt.

6.2.2 Sechs-Komponentenaufnehmer auf DMS-Basis

6.2.2.1 Aufnehmer mit Entkopplungsstäben

Eine Komponententrennung über Entkopplungsstäbe ermöglicht bei größerem Bauvolumen eine hohe Meßgenauigkeit, da über die Entkopplungsstäbe im wesentlichen nur Zugkräfte (eindimensionaler Spannungszustand) auf die Meßfedern übertragen werden. Exemplarisch soll an einem Aufnehmer für den Meßbereich bis 200 N gezeigt werden, inwieweit durch geringere Anforderungen an die Kompaktheit die Meßgenauigkeit erhöht werden kann.

Der Entwicklung des Aufnehmers liegt eine systematische Untersuchung der Anordnung von Entkopplungsstäben und Meßkörpern zugrunde /28/, wobei das ausgewählte Prinzip eine starke Vereinfachung der Entkopplungsmatrix und der Signalauswertung erlaubt. Der eindeutige Zusammenhang zwischen den von außen angreifenden Kräften /Momenten und den DMS-Signalen kann über die in Bild 34 dargestellte Entkopplungsmatrix gezeigt werden.

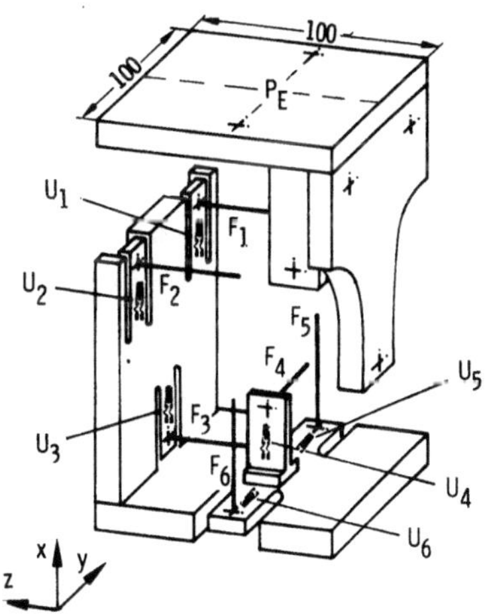

$$\begin{bmatrix} F_x \\ F_y \\ F_z \\ M_x \\ M_y \\ M_z \end{bmatrix} = \begin{bmatrix} 0 & 0 & 0 & 0 & k_{15} & k_{16} \\ 0 & 0 & 0 & k_{24} & 0 & 0 \\ k_{31} & k_{32} & k_{33} & 0 & 0 & 0 \\ k_{41} & k_{42} & 0 & 0 & 0 & 0 \\ k_{51} & k_{52} & k_{53} & 0 & 0 & 0 \\ 0 & 0 & 0 & k_{64} & k_{65} & k_{66} \end{bmatrix} \times \begin{bmatrix} U_1 \\ U_2 \\ U_3 \\ U_4 \\ U_5 \\ U_6 \end{bmatrix}$$

Entkopplungsmatrix

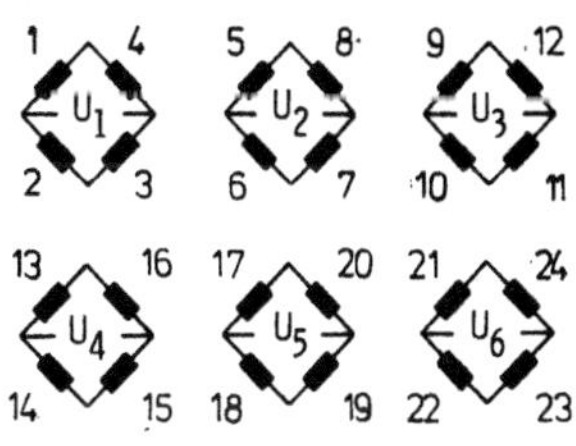

Brückenaufbau

Bild 34: 6-Komponentenaufnehmer (Typ 6/200)

Bei der Dimensionierung des Aufnehmers müssen der gesamte Kraft- und Momentfluß, d.h. insbesondere die Meßfedern, die Entkopplungsstäbe und die Einspannungen der Entkopplungsstäbe untersucht werden. Die Meßfeder ist dabei an der rechten Einspannstelle durch die Einzelkraft F_1 und das Einzelmoment M_1 belastet, wobei letzteres einen systematischen Meßfehler verursacht und durch eine entsprechende Dimensionierung des Entkopplungsstabes möglichst minimiert werden sollte (siehe Bild 35).

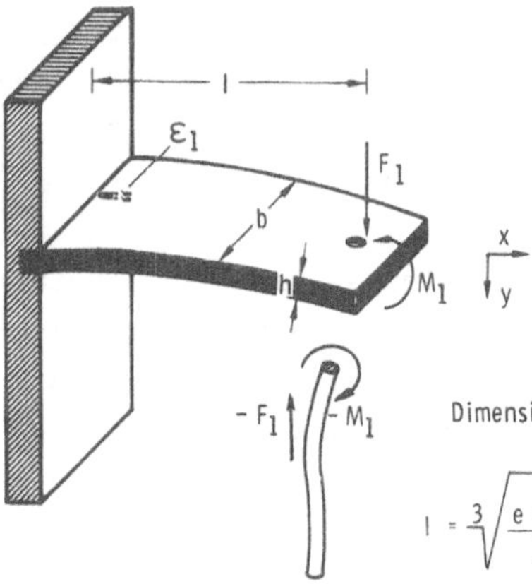

Auslenkung am Entkopplungsstab:

$$y(l) = e = \frac{12 \cdot l^2}{E \cdot b \cdot h^3}\left(\frac{1}{3} \cdot F_1 - \frac{1}{2} \cdot M_1\right) \qquad (6)$$

Dehnung am DMS: (Einspannstelle)

$$\varepsilon_1 = \frac{6}{E \cdot b \cdot h^2} \cdot (F_1 \cdot l + M_1) \qquad (7)$$

Dimensionierung der Meßfeder:

$$l = \sqrt[3]{\frac{e \cdot 3 \cdot E \cdot b \cdot h^3}{12 F_1}} \quad ; \quad h = \sqrt[3]{\frac{e \cdot E \cdot 54 \cdot F_1^2}{\sigma^3_{b(zul)} \cdot b^2}} \qquad (8)$$

Bild 35: Berechnungsmodell für die Meßfeder

Mittels einer Berechnung des statisch unbestimmten Systems nach dem Verfahren der Formänderungsarbeit /50/ kann gezeigt werden, daß bei dem angestrebten Meßbereich und den gewählten Abmessungen (l = 25 mm, b = 15 mm, h = 4 mm) der Einfluß des Momentes M_1 auf die Dimensionierung der Meßfeder vernachlässigt werden kann. Eine umfassendere Anwendung dieses Berechnungsverfahrens zeigt auch, daß bei gleichbleibenden Abmessungen des Aufnehmers (Kantenlänge = 100 mm) der Meßbereich nicht beliebig vergrößert werden kann, da mit zunehmender Biegesteifigkeit der Entkopplungsstäbe über das Moment M_1 ein Übersprechen auftritt.

6.2.2.2 Aufnehmer nach dem Speichen-Nabe-Prinzip

Die Entwicklung und Erprobung des Sensors vom Typ 6/200 zeigt, daß die Komponententrennung über Entkopplungsstäbe zwar eine hohe Meßgenauigkeit ermöglicht, aber bezüglich Fertigungsaufwand und Kompaktheit kein befriedigendes Ergebnis erreicht. Im Hinblick auf die letzten beiden Kriterien scheint das Speichen-Nabe-Prinzip Vorteile aufzuweisen. Ein hinsichtlich dieser Kriterien optimaler Aufnehmer ließe sich verwirklichen, wenn alle sechs zu erfassenden Komponenten in den vier Speichen gemessen werden könnten. Zur Bewertung der technischen Realisierbarkeit wurde ein Aufnehmer mit vier Speichen gefertigt (Typ 6/460) wobei höchste Ansprüche an Materialhomogenität, an die Maßhaltigkeit der Speichen und die Auflagefläche zur symmetrischen Krafteinleitung gestellt wurden. Die Meßergebnisse des Aufnehmers (siehe Bild 39) zeigen jedoch, daß aufgrund der sich überlagernden Spannungszustände ein unzulässig hohes Übersprechen auftritt und die Abmessungen der Speichen (3 Parameter) nur ungenügend auf die vorgegebenen 6 Meßgrößen abgestimmt werden können.

Zur Vermeidung dieser Nachteile soll dieses Prinzip der 6-Komponentenmessung auf zwei flache Dreikomponentenaufnehmer übertragen werden, so daß sich insgesamt ein kompakter Aufnehmer mit modularem Aufbau erreichen läßt. Um Eigenspannungen an der Verbindungsstelle zu vermeiden, muß der Kraftfluß auf einer großen punktsymmetrischen Fläche übertragen werden (siehe Bild 36).

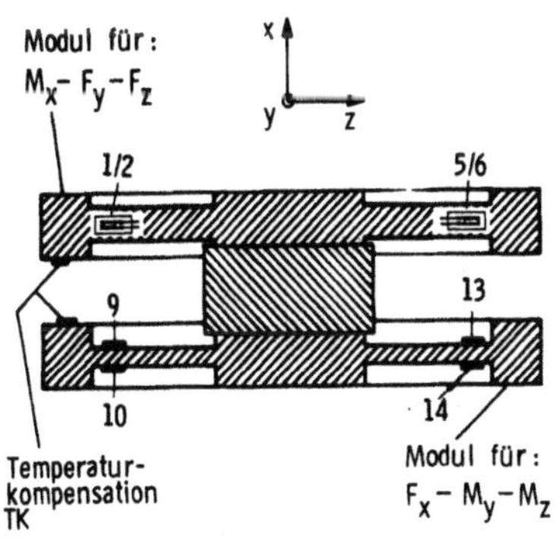

$$\begin{bmatrix} F_x \\ F_y \\ F_z \\ M_x \\ M_y \\ M_z \end{bmatrix} = \begin{bmatrix} 0 & 0 & 0 & 0 & k_{15} & k_{16} & k_{17} & k_{18} \\ 0 & k_{22} & 0 & k_{24} & 0 & 0 & 0 & 0 \\ k_{31} & 0 & k_{33} & 0 & 0 & 0 & 0 & 0 \\ k_{41} & k_{42} & k_{43} & k_{44} & 0 & 0 & 0 & 0 \\ 0 & 0 & 0 & 0 & k_{55} & 0 & k_{57} & 0 \\ 0 & 0 & 0 & 0 & 0 & k_{66} & 0 & k_{68} \end{bmatrix} \times \begin{bmatrix} U_1 \\ U_2 \\ U_3 \\ U_4 \\ U_5 \\ U_6 \\ U_7 \\ U_8 \end{bmatrix}$$

Entkopplungsmatrix

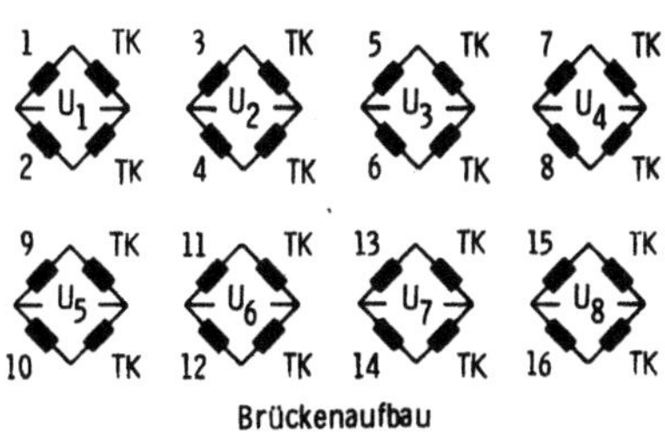

Brückenaufbau

Bild 36: Modularer 6-Komponentenaufnehmer (Typ 6/500)

Die Berechnung des Aufnehmers erfolgt ebenfalls nach (2), (3), (4) wobei hier die Abmessungen der Speichen optimal auf die sechs Belastungskomponenten abgestimmt werden können, da insgesamt sechs Parameter zur Verfügung stehen. Eine vergleichende Beurteilung der Aufnehmer ist in Bild 39 dargestellt.

6.3 Kalibrierung und Meßergebnisse

Jeder der in Kapitel 6.2 beschriebenen Sensoren wird auf einem Versuchsstand getestet, der eine definierte Belastung mit statischen Kräften und Momenten gestattet und im wesentlichen aus den in Bild 37 gezeigten Komponenten besteht. Untersucht werden die Linearitätsfehler, Steifigkeit, Hysterese und das Übersprechen zwischen den einzelnen Aufnehmerkomponenten. Die Berechnung der auf den Aufnehmer einwirkenden Kräfte und Momente kann wahlweise in einer Analog-Rechenschaltung oder durch ein Unterprogramm des Digitalrechners durchgeführt werden.
Bei der analogen Auswertung werden die Brückenspannungen in einem Mehrkanalmeßverstärker verstärkt und einer programmierbaren Analogrechenschaltung zugeführt. Diese Rechenschaltung addiert oder subtrahiert die Meßsignale entsprechend der Entkopplungsmatrix. Die Zuordnung der Meßsignale zu den Ausgangssignalen wird dabei über zwei Kreuzschienenverteiler programmiert, wobei je einer für die positiven und die negativen Eingangssignale benützt wird (siehe Bild 37).

Die in der Entkopplungsmatrix auftretenden Koeffizienten k_{ij} werden an den Potentiometern der Analogrechenschaltung so eingestellt, daß die maximale Nennlastkomponente entsprechend DIN 19232 ein Ausgangssignal von 10 V erreicht. Über die dadurch für jede Komponente festgelegten Maßstabsfaktoren können die aktuellen Kraft-/Momentbelastungen bestimmt werden.

Die Analogrechenschaltung bewährt sich dort zur Auswertung einer Transformationsmatrix, wo durch eine günstig gestaltete Aufnehmermechanik eine weitgehende Komponententrennung erreicht wird und somit viele Koeffizienten k_{ij} näherungsweise Null gesetzt werden können. Da das auch bei präzis gefertigten Aufnehmern vorliegende Übersprechen ($k_{ij} \neq 0$) in der Auswertung nicht berücksichtigt wird, ist die Meßgenauigkeit bei dem analogen Verfahren begrenzt.

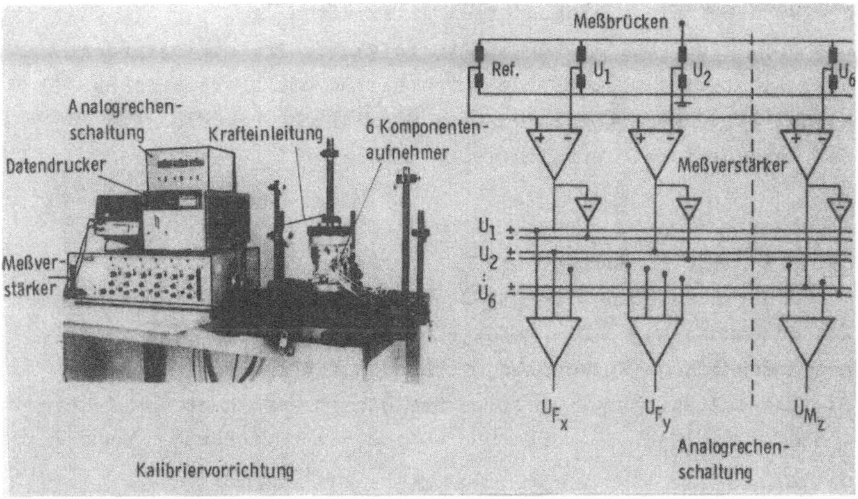

Bild 37: Aufbau der Kalibriervorrichtung und Analogrechenschaltung

Bei der Auswertung der Sensorsignale mittels eines Digitalrechners kann die Genauigkeit dadurch verbessert werden, daß die systematischen Übersprechungsfehler durch Probebelastung ermittelt und bei der Berechnung des Belastungsvektors $\vec{B}$ in der Entkopplungsmatrix berücksichtigt werden.
Grundlage dieses digitalen Verfahrens ist ebenfalls die in 6.1.4 dargestellte lineare Beziehung der Art: $\vec{U} = H \times \vec{B}$. Zunächst werden die Elemente der Matrix H durch eine größere Anzahl von Kalibriermessungen mit jeweils unterschiedlicher Belastung ermittelt. Die Probebelastungen müssen dabei möglichst gleichmäßig über den sechsdimensionalen Raum, der von den Komponenten des Belastungsvektors $\vec{B}$ erzeugt wird, verteilt sein. Die Elemente der Matrix H werden dabei mittels der Gaußschen Ausgleichsrechnung so festgelegt, daß obige Gleichung für alle Kalibrierbelastungen möglichst gut befriedigt wird. Durch die Bildung der Inversen von H kann die zur Signalauswertung notwendige Entkopplungsmatrix H^{-1} bestimmt werden. Bei Aufnehmern, deren Kopplungsmatrix H keine quadratische Form besitzt (z.B. Typ 6/500), tritt

anstelle der inversen Matrix die sogenannte pseudoinverse Matrix /51/, die sich berechnet nach:

$$H^I = (H^T \times H)^{-1} \times H^T \qquad (9)$$

H^T ist dabei die transponierte Matrix von H.
Die Ermittlung der Entkopplungsmatrix über Probebelastungen ermöglicht eine weitgehende Kompensation des Übersprechens, so daß mit diesem Verfahren eine wesentliche Verbesserung der Meßgenauigkeit erreicht wird (siehe Bild 39).

Bild 38 zeigt Linearität und Übersprechen des Typs 4/1000 bei einer Auswertung der DMS-Signale mit der beschriebenen Analogrechenschaltung. Die Meßergebnisse zeigen, daß eine relativ hohe mechanische Entkopplung vorhanden ist und somit auf ein digitales Auswertungsverfahren bei diesem Aufnehmer verzichtet werden kann (Max. Übersprechen von ca. 6% zwischen $M_{y/z}$ und F_x).

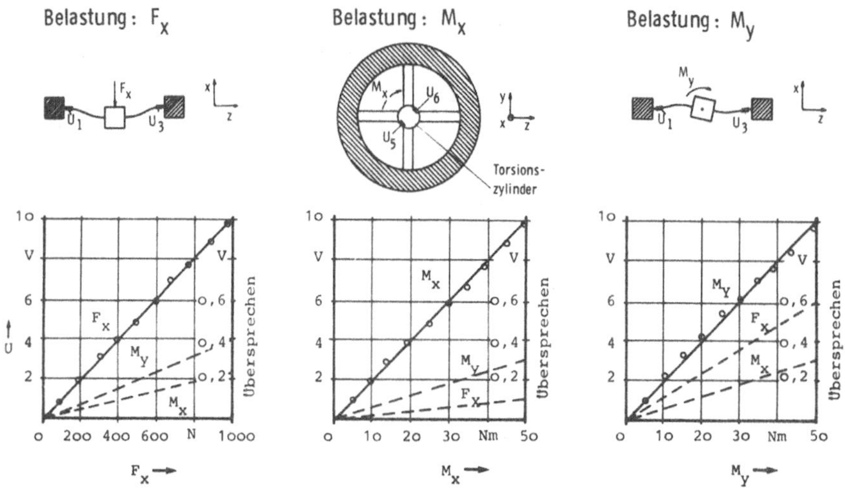

Bild 38: Linearität und Übersprechungsfehler des 4-Komponenten-aufnehmers (Typ 4/1000)

Die Überlastsicherungen, die die Meßfedern vor plastischer Dehnung schützen, können dabei so eingestellt werden, daß bei Überschreitung der Nennlast die Nabe auf einem einstellbaren Anschlag aufliegt und somit eine weitere Verformung verhindert wird.

Diese Robustheit in Verbindung mit dem geringen Übersprechen lassen diesen Aufnehmer für jene Einsatzfälle geeignet erscheinen, wo drei bis vier Komponenten zur Prozeßidentifikation ausreichen.

Eine Zusammenstellung der unterschiedlichen Entwicklungsziele und der auf dem Prüfstand gewonnenen Meßdaten der Aufnehmer zeigt Bild 39. Daraus wird deutlich, daß die Kriterien maximale Komponentenanzahl, Kompaktheit, Überlastsicherheit und minimales Übersprechen nicht von einem einzelnen Aufnehmer optimal erfüllt werden können und somit die Universalität derartiger Aufnehmer eingeschränkt ist.

Entwicklungsziel ↓	Bewertungskriterien ⇨ / Aufnehmertyp ⇩	Meßbereich F_x [N] F_y [N] F_z [N]	Meßbereich M_x [Nm] M_y [Nm] M_z [Nm]	Übersprechen [%]	Linearitätsfehler [%]	Überlastsicherheit	Fertigungsaufwand
						● gut ◑ mittel	○ schlecht
hohe Meßgenauigkeit	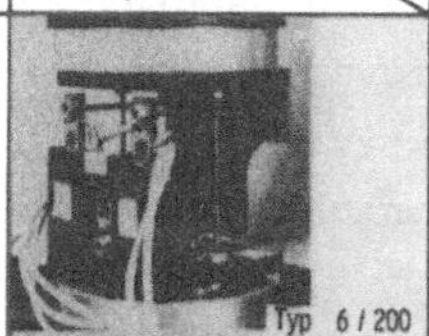 Typ 6 / 200	200 200 200	100 100 100	4* 2,5**	2	◑	○
hohe Kompaktheit, minimale Bauhöhe	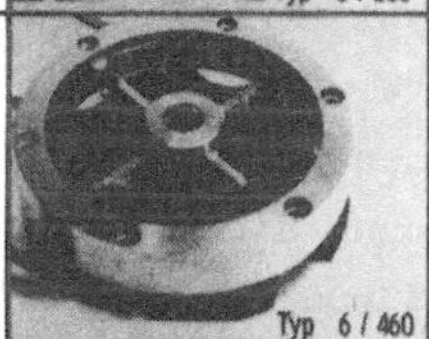 Typ 6 / 460	460 575 575	17 15 15	48* 25**	9	○	○
hohe Kompaktheit, modularer Aufbau	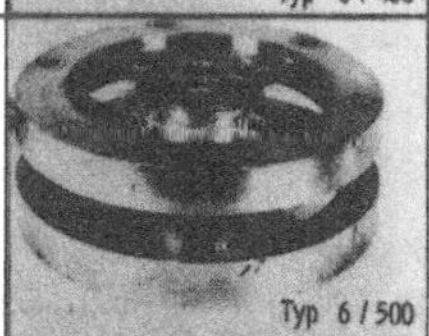 Typ 6 / 500	500 500 500	40 53 53	10* 6**	4	◑	◑
erfassen von vier Komponenten, Robustheit	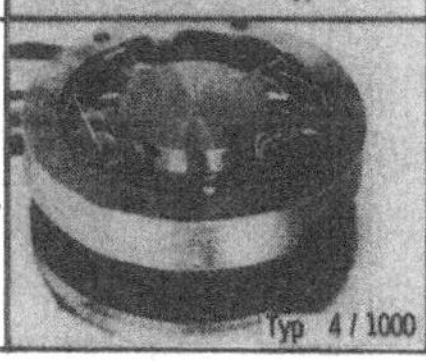 Typ 4 / 1000	1000 – –	50 44 44	6* 4**	4	●	●

* Analogrechenschaltung ** digitale Auswertung mit Probebelastungen

Bild 39: Zusammenstellung der technischen Daten der entwickelten Mehrkomponentenaufnehmer

Die Versuchsdurchführungen am Aufnehmer des Typs 6/200 zeigen, daß das Prinzip der Entkopplungsstäbe den Bau eines 6-Komponentenaufnehmers mit geringem Übersprechungs- und Linearitätsfehler erlaubt. Da aufgrund der speziellen Aufnehmermechanik nur wenige Matrixelemente $k_{ij} \neq 0$ sind, kann mit der Analogrechenschaltung der Übersprechungsfehler auf ca. 4 % begrenzt werden. Die digitale Auswertung mit Probebelastungen führt bei diesem Aufnehmer zu einer Reduzierung des Übersprechungsfehlers um ca. 1,5 %.

Versuchsergebnisse mit dem Sechskomponentenaufnehmer vom Typ 6/460 zeigen, daß nach diesem Prinzip ein sehr kompakter Sechskomponentenaufnehmer gebaut werden kann. Nachteilig bei diesem Aufnehmer ist jedoch das relativ hohe Übersprechen mit bis zu 48 % und die hohe Anforderung an die Fertigung, da bereits geringfügige Unsymmetrien an der Speiche oder geringfügige Materialeigenspannungen den linearen Charakter des Aufnehmers einschränken. Da auch durch Anwendung des digitalen Auswerteverfahrens keine befriedigende Komponententrennung erreicht werden kann, ist dieser Aufnehmer für den praktischen Einsatz nicht geeignet.

Mit dem Aufnehmer vom Typ 6/500 wurde ein Linearitätsfehler von 4 % erreicht. Das Übersprechen mit ca. 10 % wird unter anderem durch die beiden unterschiedlichen Meßebenen hervorgerufen, deren Abstand in der analogen Auswerteschaltung nicht berücksichtigt wurde. Eine entsprechende Korrektur durch das digitale Auswerteprogramm verbessert das Übersprechen um 4 %, so daß auch hier die Werte des Aufnehmers vom Typ 4/1000 erreicht werden können.

6.4 Methoden der Signalverarbeitung

Wie die in Bild 25 dargestellten Verknüpfungen zwischen Meß- und Stellgröße zeigen, können über die Meßgröße "Schnittkraft" sowohl Bahngeschwindigkeit, Programmablauf (Anzahl der Wiederholungen) oder auch die Bahn des Werkzeuges (Schnittiefe) verändert werden. Mögliche Methoden zur Signalverarbeitung sollen im folgenden am Beispiel der Bahnkorrektur über PHG-Antriebe betrachtet werden.

Entsprechend der Vorgabeart der Korrekturrichtung kann zwischen drei verschiedenen Methoden der Signalverarbeitung unterschieden werden:

- Korrekturrichtung wird für jede Werkstückkante in der Programmierphase eingegeben
- Korrekturrichtung ist parallel zur Richtung der Schnittkraft
- Korrekturrichtung ist bezogen auf die Werkzeugorientierung.

Das erstgenannte Verfahren erlaubt aufgrund der anwenderspezifischen Programmierung von Betrag und Richtung der Korrektur eine Verkettung mit verschiedenartigen Sensoren und ist somit für einen weiten Einsatzbereich geeignet. Da bei Werkstücken mit einem komplexen Oberflächenverlauf dabei jedoch eine Vielzahl von sogenannten Korrekturvektoren einzugeben ist, erfordert dieses Verfahren einen erheblichen Programmieraufwand für den Anwender. Aufgrund der Tatsache, daß diese Methode heute in der Praxis erprobt wird /14/ und somit zum Stand der Technik gehört, soll sie im folgenden nicht näher betrachtet werden.

6.4.1 Korrekturrichtung parallel zur Schnittkraft

Die Schnittkraft, deren Hauptbestandteil die Normalkraft darstellt, wirkt bei Schleifstiften und Schleifscheiben näherungsweise senkrecht zur Werkstückoberfläche, so daß die Korrektur parallel zur Schnittkraft durchgeführt werden kann /52/. Da der Schnittkraftvektor prozeßbegleitend mittels eines Mehrkomponentenaufnehmers erfaßt wird, liegt die Korrekturrichtung an allen Konturelementen fest und es entfallen somit aufwendige Eingaberoutinen der konturabhängigen Korrekturrichtungen. Für die Strategie der Schnittiefenregelung (Strategie II, 1, 7, 9; siehe Bild 25) ist jedoch eine relativ große Anzahl von Argumenten mit einer hohen Übergabehäufigkeit charakteristisch, so daß zu untersuchen ist, ob die Sensorsignalverarbeitung in der geforderten Zeit (20 ms) durchgeführt werden kann.

Es wird angenommen, daß auf das Werkzeug die Schnittkraft F_S mit ihren Komponenten F_A, F_T und F_N einwirkt und der Angriffspunkt P_E

mit dem bekannten Werkzeugmittelpunkt P_{MW} gleichgesetzt werden darf. In diesem Falle kann ein 3-Komponentenaufnehmer die Schnittkraft F_S erfassen. In einer ersten Rechenoperation werden aus den Aufnehmersignalen durch eine Transformation mit der Entkopplungsmatrix H^{-1} die Komponenten der Schnittkraft F_S im Sensorkoordinatensystem dargestellt. Diese Koordinatentransformation kann wahlweise über die dargestellte Analogrechenschaltung oder über ein in Assemblersprache geschriebenes Unterprogramm durchgeführt werden (digitales Auswerteverfahren).

Da die Schnittkraft F_S im Sensorkoordinatensystem dargestellt ist und die daraus zu berechnende Bahnkorrektur s im Achskoordinatensystem (K_{Ra}) des PHG vorzugeben ist, müssen beide Größen mittels einer weiteren Koordinatentransformation in ein einheitliches Bezugssystem (raumfestes Koordinatensystem) für die arithmetischen Operationen übergeführt werden.
Zur Veranschaulichung der Transformationsbeziehungen soll dabei Bild 40 dienen, das die Kinematik des PHG, verschiedene zur Umrechnung notwendige Koordinatensysteme und ein außermittig angebrachtes Schleifwerkzeug zeigt. Von besonderer Bedeutung ist dabei das im Aufnehmermittelpunkt liegende Koordinatensystem K_{Se}, in dem sowohl die Kräfte und Momente erfaßt werden, als auch die Lage des Werkzeugeingriffspunktes P_E durch die Längen l_5 und l_6 definiert ist. Das raumfeste Koordinatensystem K_{Ra} ist parallel zur Mittenstellung der ersten Drehachse definiert.

Die Herleitung der zwischen dem System K_{Se} und dem System K_{Ra} bestehenden Transformationsgleichungen erfolgt mittels der in Bild 40 dargestellten Hilfskoordinatensysteme ($K_1 \div K_4$). Diese entstehen durch eine Translation und/oder Rotation aus dem vorhergehenden System. So geht beispielsweise das System K_4 aus K_{Se} hervor durch eine Translation um l_4 und Rotation um γ.
Die Definition des positiven Drehsinnes ist jeweils Bild 40 zu entnehmen.

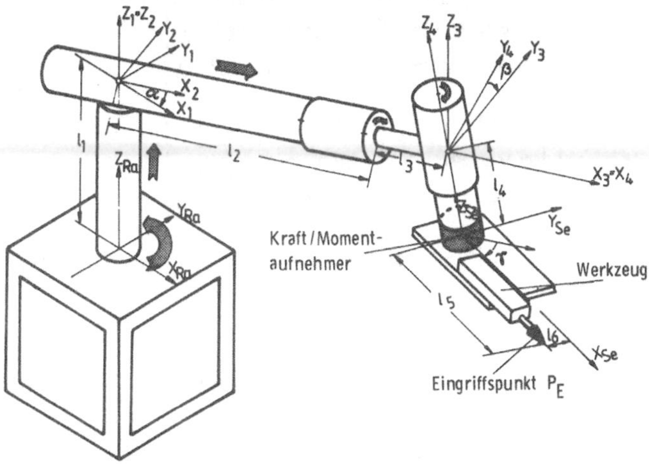

Bild 40: Herleitung der Transformationsmatrix

Als Hilfsmittel zur Beschreibung der Transformationsbeziehung zwischen einem Koordinatensystem A und einem dazu verdrehten Koordinatensystem B wird in der Literatur die Richtungskosinusmatrix C_{AB} beschrieben /51/. Sie besteht aus neun Elementen, die die Kosinusfunktionen aller, zwischen den Achsen beider Systeme A und B auftretenden Winkel darstellen.

Eine mehrstufige Anwendung der Richtungskosinusmatrix auf die in Bild 40 dargestellten Koordinatensysteme führt zu der gewünschten Transformationsbeziehung, mit der sowohl der Eingriffspunkt P_E als auch der Schnittkraftvektor F_S im raumfesten System K_{Ra} dargestellt werden kann. Die Gleichungen zur Transformation des im System K_{Se} beschriebenen Kraftangriffspunktes P_E mit

$$x_{PE} = l_5, \quad y_{PE} = l_6, \quad z_{PE} = 0$$

in das raumfeste System lauten:

$$x_{P_E} = l_2 \cos\alpha + l_3 \cos\alpha - l_4 \cos(90^0 - \beta)\cos(90^0 - \alpha) + l_5[\cos\gamma\cos\alpha - \cos(90^0 - \gamma)\cos\beta\cos(90^0 - \alpha)] + l_6[\cos(90^0 - \gamma)\cos\alpha + \cos\gamma\cos\beta\cos(90^0 - \alpha)]$$

$$y_{P_E} = -l_2 \cos(90^0 - \alpha) - l_3 \cos(90^0 - \alpha) - l_4 \cos(90^0 - \beta)\cos\alpha - l_5[\cos\gamma\cos(90^0 - \alpha) + \cos(90^0 - \gamma)\cos\beta\cos\alpha] - l_6[\cos(90^0 - \gamma)\cos(90^0 - \alpha) - \cos\gamma\cos\beta\cos\alpha] \quad (1o)$$

$$z_{P_E} = l_1 - l_4\cos\beta + l_5\cos(90^0 - \gamma)\cos(90^0 - \beta) - l_6\cos\gamma\cos(90^0 - \beta)$$

Obige Transformation bildet die Grundlage des Transformationsprogrammes (Unterprogramm RORAUM). Da sich mit Hilfe dieser Gleichungen auch jeder andere Punkt des Koordinatensystems K_{Se} in das Koordinatensystem K_{Ra} transformieren läßt, kann aus obigem Gleichungssystem auch die Transformationsgleichung für einen Vektor hergeleitet werden, indem der Anfangs- und Endpunkt des Vektors transformiert wird. Durch Zusammenfassen der entsprechenden Faktoren in (10) ergibt sich unmittelbar die dem Auswerteprogramm zugrundeliegende Matrix zur Kraftberechnung im raumfesten Koordinatensystem.

$$\begin{bmatrix} F_{Ra(x)} \\ F_{Ra(y)} \\ F_{Ra(z)} \end{bmatrix} = \begin{bmatrix} (\cos\gamma\cos\alpha - \cos\beta\sin\gamma\sin\alpha) & (\sin\gamma\cos\alpha + \cos\gamma\cos\beta\sin\alpha) & (-\sin\beta\sin\alpha) \\ (-\cos\gamma\sin\alpha - \sin\gamma\cos\beta\cos\alpha) & (-\sin\gamma\sin\alpha + \cos\gamma\cos\beta\cos\alpha) & (-\sin\beta\cos\alpha) \\ (\sin\gamma\sin\beta) & (-\cos\gamma\sin\beta) & (\cos\beta) \end{bmatrix} \cdot \begin{bmatrix} F_{Se(x)} \\ F_{Se(y)} \\ F_{Se(z)} \end{bmatrix} \quad (11)$$

Dem somit festgelegten Schnittkraftvektor F_{Ra} wird ein über den Regelalgorithmus berechneter Bahnkorrekturbetrag zugeordnet. Aus diesem können, mit Hilfe der in (10) dargestellten Transformationsbeziehungen, die notwendigen Verfahrwege der drei PHG-Grundachsen berechnet werden. Die Handachsen behalten während der Korrekturbewegung ihre Positionswerte bei. Bild 41 zeigt die zusammenhängende Darstellung der einzelnen Berechnungsschritte und die dafür notwendigen Rechenzeiten der vorwiegend in Assembler-Sprache geschriebenen Programme.

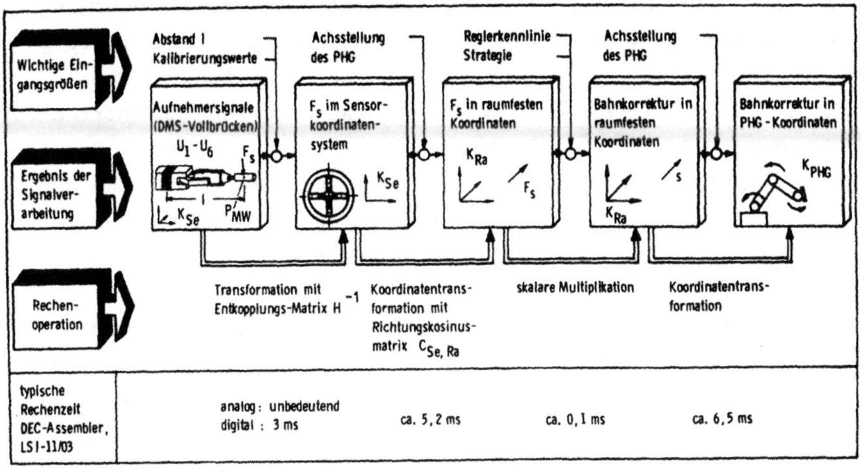

<u>Bild 41:</u> Sensorsignalverarbeitung eines Kraft-/Momentaufnehmers zur Ermittlung einer Schnittiefenreduzierung

Die Rechenzeit zur Durchführung der in Bild 41 dargestellten Sensorsignalverarbeitung beträgt ca. 15 ms. Da zur Vermeidung von Totzeiten die Berechnung der Korrekturwerte im Takt des digitalen Lagereglers des PHG (ca. 20 ÷ 40 ms) durchzuführen ist, kann bei dem heutigen Stand der Technik diese umfangreiche Signalverarbeitung nicht in die Steuerung des PHG integriert werden. Diese Methode der Signalverarbeitung erfordert deshalb einen separaten Sensorrechner, der der eigentlichen PHG-Steuerung den Korrekturvektor in raumfesten Koordinaten oder in PHG-Achskoordinaten übergibt.

Die Transformation der am Aufnehmer gemessenen Kräfte in das raumfeste System ermöglicht eine flexible, vom Anwender optimierbare Verknüpfung zwischen Meßgröße und Stellgröße. Dadurch können mit dieser Methode der Signalverarbeitung auch komplexere Strategien /53/ wie z.B. Entlangfahren an einer Kontur mit konstanter Anpreßkraft, Führen einer Schleifscheibe parallel zur Werk-

6.4.2 Korrekturrichtung bezogen auf Werkzeugorientierung

Bei der Werkzeughandhabung muß oft aus technologischen Gründen das Werkzeug mit konstanter Orientierung zur Lage der Werkstückoberfläche geführt werden. Diese Tatsache ermöglicht es, verschiedene Korrekturrichtungen in bezug auf die Handachsenorientierung bzw. das Werkzeugkoordinatensystem zu definieren. Dadurch kann zur Berechnung der einzelnen Verfahrwege der PHG-Achsen die, auch zur Bahninterpolation notwendige, steuerungsinterne Koordinatentransformation herangezogen werden.

Ist der MKA parallel zum werkzeugbezogenen Koordinatensystem eingebaut, so kann eine einfache Signalverarbeitung ohne sensorspezifische Transformation realisiert werden. In diesem Fall kann, wie in Bild 42a dargestellt ist, jeder Meßachse des Sensors eine parallel liegende Korrekturachse zugeordnet werden, so daß eine aufwendige Berechnung der Korrekturrichtung entfällt.

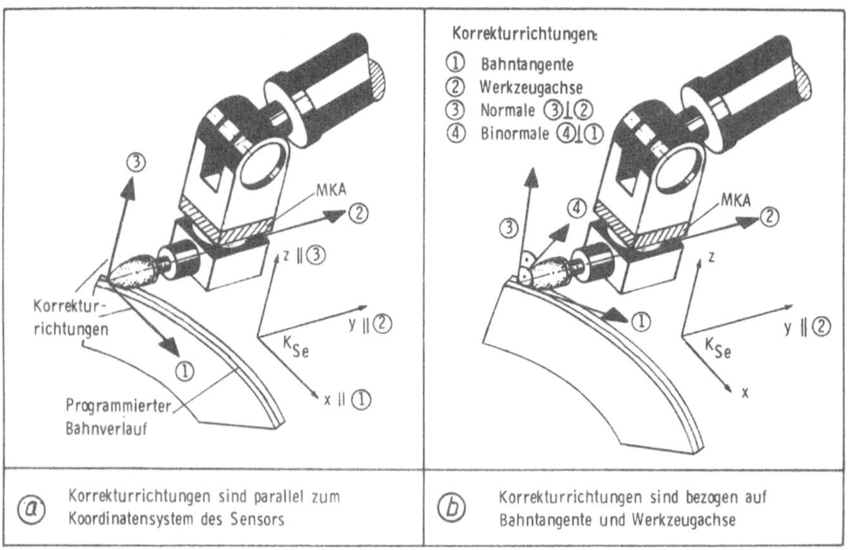

Bild 42: Anordnung der auf die Werkzeug-Orientierung bezogenen Korrekturrichtungen

Sind die Korrekturrichtungen parallel zum Koordinaten-System K_{Se} angeordnet, so sollte jeweils eine Achse des Sensor-Koordinaten-Systems parallel zur Bahntangente und parallel zur Oberflächennormalen geführt werden. Diese in der Praxis oft nicht immer erfüllbare Forderung wird bei einer Anordnung der Korrekturrichtungen entsprechend Bild 42 b umgangen. Mit diesen Korrekturmöglichkeiten können sowohl die Bahngeschwindigkeit, Schnittiefe, als auch die Position des Werkzeuges quer zur Gratlängsrichtung beeinflußt werden.

Diese Prinzipien der Bahnkorrektur eignen sich sowohl für Mehrkomponentenaufnehmer mit analogem Signalausgang als auch für einfache, schaltende Sensoren (binäre Informationsdarstellung). Im letzteren Fall wird für jede Korrekturrichtung ein Korrekturbetrag im Steuerungsrechner des PHG als Parameter abgelegt. Die dadurch für jede Korrekturrichtung festgelegten Korrekturvektoren werden bei positivem Sensorsignal den durch Interpolation berechneten Positionssollwerten überlagert. Versuche mit einer derartigen Sensorschnittstelle und einer Abtastperiode der Sensorsignale von 8 ms zeigten, daß eine binäre Informationsdarstellung bei Bahngeschwindigkeiten unter 20 mm/s ein ausreichendes dynamisches Verhalten ermöglicht. Das binäre Signal läßt sich über einen programmierbaren Komparator aus dem Analogsignal des MKA erzeugen. Bei notwendigerweise höheren Bahngeschwindigkeiten kann durch eine sogenannte Pulsbreitenmodulation des analogen Signals das dynamische Verhalten des Regelkreises verbessert werden.

7 Entwicklung von geometrieverarbeitenden Sensoren

7.1 Bewertung verschiedener Funktionsprinzipien

Geometrieverarbeitende Sensoren erlauben eine direkte Erfassung der Werkstückkontur und werden deshalb vorteilhaft bei erhöhten Anforderungen an die Oberflächengeometrie eingesetzt. Ein Einsatz von optischen, bildverarbeitenden Sensoren erfordert hier eine problemangepaßte Beleuchtungsmethode (z.B. Lichtschnitt) sowie eine aufwendige Bildauswertung /16/. Darüberhinaus ist die Funktionssicherheit bei den gießereitypischen Umgebungsbedingungen nicht gewährleistet, so daß derartige Sensoren im folgenden nicht näher betrachtet werden sollen. Funktionsprinzipien, deren Realisierung einen geringeren Aufwand erfordern und die die erstellten Anforderungen erfüllen können, sind in Bild 43 dargestellt.

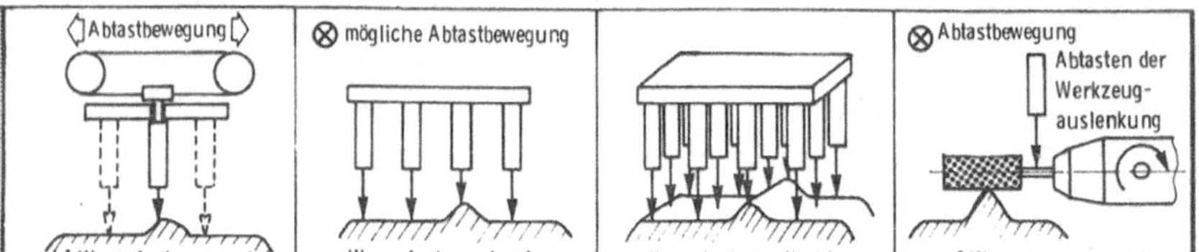

BEWERTUNGSKRITERIEN	1 Wegaufnehmer und Abtastbewegung in Gratquerrichtung	Wegaufnehmer in einer Zeile angeordnet	Wegaufnehmer flächig angeordnet	1 Wegaufnehmer und Abtastbewegung in Gratlängsrichtung
A	1	5 ÷ 20	>10	1
B	mittel	mittel	hoch	mittel
C	bei berührungslosem Aufnehmerprinzip möglich. Vorlaufkompensation	Durch aufwendige Vorlaufkompensation und hohe Datenmenge i.d. Praxis nur bei ebenen und 1-dimensional gekrümmten Gratflußflächen möglich. Bedingung: berührungslose Wegaufnehmer.		ja
D	notwendige Abtastbewegung erhöht Kollisionsgefahr	bei prozessbegleitender Messung gering. (Kollision, Verklemmen). Sicheres Abtasten ohne Vorschub ist möglich.		sehr hoch, da Messung nicht direkt am Grat
E	nicht möglich	nicht möglich	nicht möglich	möglich
F	h_g ; b_g	h_g ; b_g	h_g ; b_g	h_g
G	bedingt möglich, da Abtastbewegung werkstückspezifisch	Begrenzt durch Meßbereich und Abmessungen des Aufnehmers (Verklemmen)		ist möglich mit geringem Anpassungsaufwand

BEWERTUNGSKRITERIEN

- A: Anzahl der notwendigen Wegaufnehmer
- B: Aufwand für Signalverarbeitung
- C: Prozeßbegleitende Messung
- D: Funktionssicherheit
- E: Messung des Werkzeugverschleißes T_{wr}
- F: Meßgrößen
- G: Einsatz bei unterschiedlichen Gußwerkstücken

Bild 43: Bewertung verschiedener Funktionsprinzipien für geometrieverarbeitende Sensoren

Die Grathöhe muß relativ zur Werkstückoberfläche, die den beschriebenen Toleranzen unterliegt, gemessen werden. Eine Grathöhenmessung erfordert deshalb mindestens zwei unabhängige Meßpunkte (Gratspitze, Werkstückoberfläche am Gratfuß), die entweder durch den Einsatz mehrerer stationärer Wegmeßsysteme oder durch ein in Gratquerrichtung geführtes Wegmeßsystem erreicht werden können (s.Bild 44).

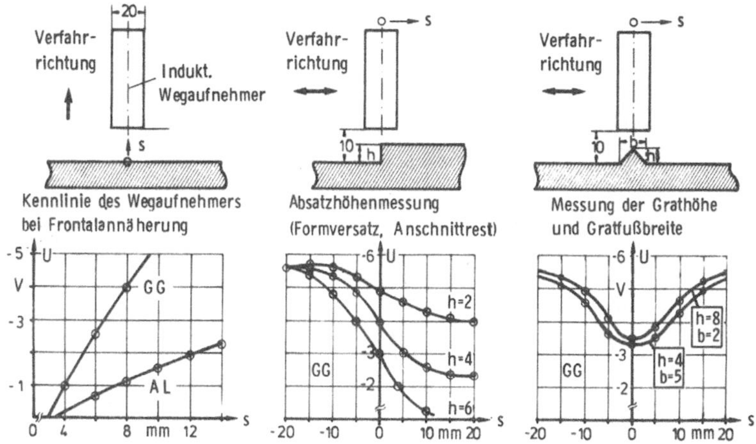

Bild 44: Typischer Signalverlauf beim Abtasten von Graten und Formabsätzen mit Hilfe eines berührungslosen induktiven Aufnehmers

Die Versuchsdurchführung mit Hilfe eines in Gratquerrichtung geführten induktiven Aufnehmers zeigt, daß die durch einen Formversatz hervorgerufenen Absätze bis zu einer Höhe von $h < 0{,}1$ mm gemessen werden können. Aufgrund der integralen Meßwerterfassung innerhalb des Feldlinienbereiches erzeugen jedoch unterschiedliche Gratausprägungen und Gratformen einen ähnlichen Signalverlauf, so daß ein Rückschluß auf die Grathöhe nur bedingt möglich ist. Darüberhinaus begrenzt die erforderliche Abtastbewegung eine Anwendung auf ebene und schwach gekrümmte Oberflächen, so daß dieses Prinzip nicht weiter verfolgt werden soll.

7.2 Zeilensensoren

7.2.1 Meßgrößenumformung und Sensoraufbau

Zur zeilenförmigen Abtastung des Oberflächenprofils eines gratbehafteten Werkstückes können verschiedene Verfahren zur Meßgrößenumformung angewendet werden. Diese unterscheiden sich insbesondere bezüglich der Zuverlässigkeit bei den vorhandenen Umgebungsbedingungen, des Bauaufwandes sowie der Auflösung in Gratquer- und Grathöhenrichtung (s. Bild 45).

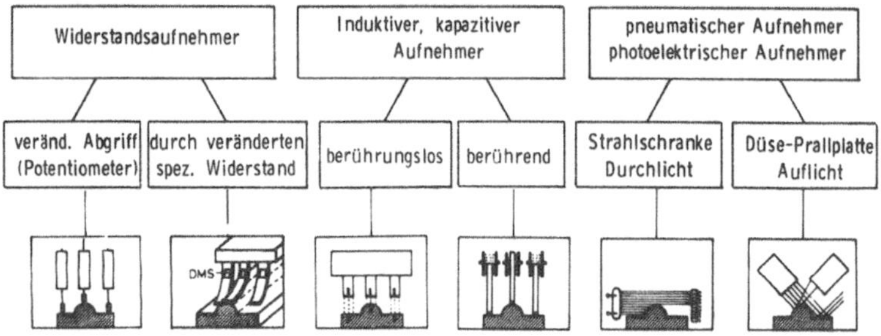

Bauaufwand	niedrig	hoch	mittel	mittel	hoch	hoch
max. Auflösung in Gratquerrichtung	parallele Anordnung: ca. 4 mm; versetzte Anordnung, abgewinkelte Taststifte: ca. 1,5 mm		ca. 5 mm	2 - 5 mm	nicht möglich	< 1 mm
in Grathöhenrichtung	< 0,2 mm		ca. 0,5 mm	< 0,1 mm	< 0,1 mm	0,1 mm

Bild 45: Verfahren zur Meßgrößenumformung bei einer zeilenförmigen Anordnung der Wegmeßsysteme

Ein berührungsloses Meßverfahren mit induktiven oder kapazitiven Wegaufnehmern läßt bei stark variierenden Gratformen eine hohe Zuverlässigkeit erwarten, jedoch ist hierbei - wegen der integralen Meßwerterfassung - die Auflösung begrenzt. Die in Bild 45 dargestellte Bewertung zeigt, daß der Widerstandsaufnehmer (Potentiometer) zum Aufbau eines Zeilensensors geeignet ist. Ein mit derartigen Wegmeßsystemen aufgebauter Aufnehmer ist in Bild 46 dargestellt. Er besteht aus 8, in einer Zeile angeordneten Linearpotentiometern mit einem Hub von 25 mm, wobei der Abstand zwischen zwei Aufnehmerstiften ca. 2,5 mm beträgt.

Dieser Sensor wird am Werkzeug befestigt und kann mit Hilfe eines Pneumatikzylinders auf die gratbehaftete Kontur eingeschwenkt werden. Dort werden die abgegriffenen Spannungswerte der Potentiometer digitalisiert und im Sensorrechner verarbeitet.

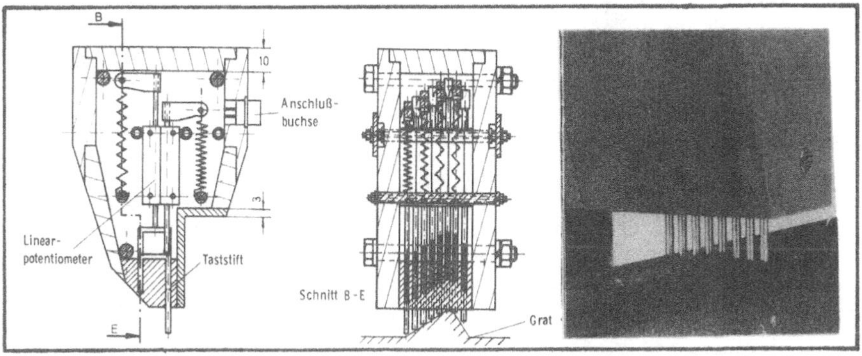

Bild 46: Taktiler Zeilensensor zur Graterfassung

Mit dem Sensor können sowohl konvexe als auch konkave Profile mit einem minimalen Radius von ca. 30 mm abgetastet werden. Versuche an verschiedenen Gußwerkstücken zeigen, daß ein derartiger Sensor zum Abtasten eines einzelnen Querschnittprofils,nicht aber zum Überfahren einer komplexen Gratkontur geeignet ist. Der Anwendungsbereich des Sensors liegt somit dort, wo die Positionen der kritischen Bearbeitungsstellen, die eine stark variierende Gratausprägung aufweisen, bekannt sind.

7.2.2 Verfahren zur Sollwerterzeugung und Signalauswertung

Die zur Berechnung der Regelabweichung notwendigen Sollwerte können bei einem taktilen Zeilensensor gewonnen werden durch

- Abtasten eines Musterwerkstückes (Schablone) oder
- Interpolation zwischen Stützpunkten.

Bei dem erstgenannten Verfahren wird der Aufnehmer gegen ein sogenanntes Musterwerkstück gepreßt. Dabei werden die Auslenkungen der Potentiometer ($Y_{0P} \div Y_{7P}$) erfaßt und als Sollfunktionen für den zugeordneten Konturabschnitt abgespeichert (s.Bild 47).

Beim anschließenden Abtasten des gratbehafteten Werkstückes ($Y_{0A} \div Y_{7A}$) werden über die beiden äußeren Potentiometer die Form- und Aufspanntoleranzen ($T_A + T_F$) in y-Richtung berücksichtigt.

Sollwerterzeugung: Abtasten eines Musterwerkstückes

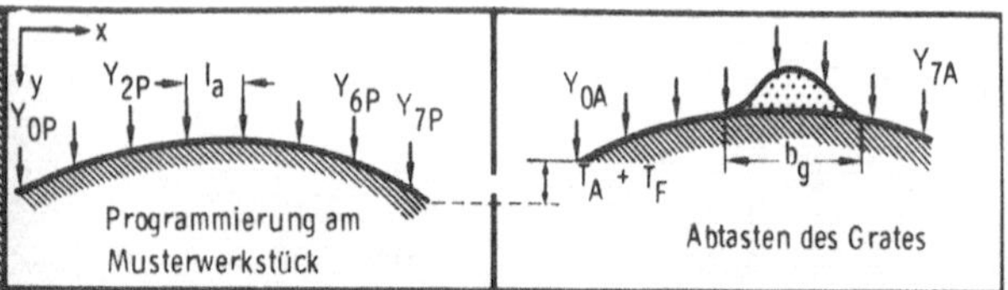

Auswertealgorithmus	$b_{g\,(zul.)}$	Anwendungsbereich
$Y_{iP} - Y_{iA} - (T_A + T_F) \leq h_{g(zul.)}$ für $i = 1 \div 6$ $T_A + T_F = 0{,}5\,(Y_{0P} - Y_{0A} + Y_{7P} - Y_{7A})$	$< 7\,l_a$	geeignet für analytisch schwer beschreibbare und unstetige Profile (z. B. Knick, Absatz, unterschiedliche Radien)

Sollwerterzeugung: Interpolation zwischen Stützpunkten

Beispiel: Linearinterpolation

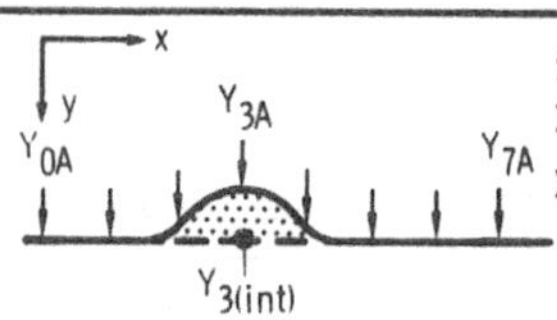

Stützpunkte: X_0, Y_0 ; X_7, Y_7

Auswertealgorithmus	Stützpunkte	$b_{g(zul.)}$	Anwendungsbereich
Linearinterpolation $Y_{i(int)} - Y_{iA} < h_{g(zul.)}$ für $i = 1 \div 6$ $Y_{i(int)} = Y_{0A} + \frac{Y_{0A} - Y_{7A}}{7} \cdot i \cdot l_a$	X_0, Y_0 X_7, Y_7	$< 7\,l_a$	• nur geeignet für geradlinige Profile (z. B. Angußrest auf ebener Anschnittfläche)
Parabelinterpolation $Y_{i(int)} - Y_{iA} < h_{g(zul.)}$ für $i = 2 \div 6$	X_0, Y_0 X_1, Y_1 X_7, Y_7	$< 6\,l_a$	• geradlinige und schwach gekrümmte Profile • nicht anwendbar bei unstetigem Profilverlauf (z. B. Knick)
Lagrangesches Interpolationsverfahren $Y_{i(int)} - Y_{iA} < h_{g(zul.)}$ für $i = 2 \div 5$ $Y_{i(int)} = k_1\,Y_{1A} + k_6 Y_{6A} + k_7 Y_{7A}$ $k_1 = \frac{i\,(i-6)\,(i-7)}{30} \cdot l_a \; ; \; k_6 = \frac{i\,(i-1)\,(i-7)}{-30} \cdot l_a$ $k_7 = \frac{i\,(i-1)\,(i-6)}{42} \cdot l_a$	X_0, Y_0 X_1, Y_1 X_6, Y_6 X_7, Y_7	$< 5\,l_a$	• durch Berücksichtigung von 4 Stützpunkten auch bei stark gekrümmten Profilen anwendbar • unsymmetrischer Konturverlauf kann z. T. berücksichtigt werden • nicht anwendbar bei unstetigem Profilverlauf (z. B. Knick)

Bild 47: Verfahren zur Sollwerterzeugung und Signalauswertung bei einem taktilen Zeilensensor

Die sechs inneren Potentiometer ($Y_{1A} \div Y_{6A}$) tasten die Grathöhe ab. Liegt die Gratausprägung oberhalb der zulässigen Toleranzen, so ruft der Sensorrechner ein der Meßstelle zugeordnetes Bearbeitungsprogramm auf. Nach dessen Ausführung kann ein weiterer Meßzyklus gefordert werden (Strategie I, 3, 4, 7; s. Bild 25). Dieses iterative Vorgehen führt schließlich zu einer Oberflächengeometrie, die innerhalb der vorgegebenen Toleranzen liegt.
Das dargestellte Verfahren erlaubt eine einfache Sollwerterzeugung auch bei analytisch schwer beschreibbaren Oberflächen. Eine Anwendung dieses Verfahrens setzt jedoch voraus, daß nur geringe Form- und Aufspanntoleranzen in x- und z-Richtung auftreten, da diese in der Auswertung nicht berücksichtigt werden und zu einem systematischen Meßfehler führen.

Weitaus empfindlicher gegenüber Form- und Aufspanntoleranzen ist das zweitgenannte Verfahren zur Sollwerterzeugung. Hierbei wird mit Hilfe des Auswertealgorithmus überprüft, ob der Profilverlauf näherungsweise mit einer vorgegebenen Funktion (z.B. Gerade, Parabel) übereinstimmt. Der Anwendungsbereich dieses Verfahrens ist auf stetige Profilverläufe begrenzt. Da die Stützstellen den gleichen Abstand haben, kann vorteilhaft das Lagrangesche Interpolationsverfahren /51/ angewendet werden. Dieses erlaubt auch bei Berücksichtigung von mehreren Stützpunkten einen auf einem Digitalrechner einfach zu realisierenden Auswertealgorithmus.

7.3 Taktile Flächensensoren

Durch eine flächige Anordnung der Wegmeßsysteme ist eine dreidimensionale Erfassung der Werkstückoberfläche möglich, so daß der Anwendungsbereich gegenüber Zeilensensoren erweitert werden kann. Mit einem taktilen Flächensensor können komplexe Konturen, die keine Hinterschneidungen aufweisen, abgetastet und die Gratausprägung sowie die Gratposition ermittelt werden.

Analoge Wegmeßsysteme erlauben bei flächiger Anordnung aufgrund ihrer Abmessungen nur eine unzureichende Auflösung in Gratquer-

und Gratlängsrichtung und deren Anwendung erfordert eine umfangreiche Signalverarbeitung. Diese Nachteile können durch den Einsatz von Schaltelementen und einer binären Informationsdarstellung an den Meßpunkten umgangen werden. Dadurch ist die Anwendung auf ebene und schwach gekrümmte Oberflächen (z.B. Anguß auf ebener Fläche) beschränkt, wobei jedoch eine einfache und direkt auf die Zielgröße "Ebenheit" ausgerichtete Meßwerterfassung kennzeichnend ist.

Bild 48 zeigt beispielhaft Aufbau und Funktion eines derartigen Flächensensors der zum Abtasten einer ebenen bzw. schwach gekrümmten Sollkontur vor oder nach dem Bearbeiten konzipiert wurde. Der Sensor besteht aus einer Matrix von 16 x 16 Schaltelementen deren Zustandsinformation über das Interface vom Sensorrechner ausgelesen werden kann. Jedes Schaltelement besteht aus einer drehbar gelagerten Kugel, die bei Belastung den Widerstand einer elektrisch leitenden Folie verändert. Der Schaltweg kann durch Einlegen verschiedener Zwischenfolien von 0,3 bis 1,0 mm problemspezifisch verändert werden.

Bei der Signalverarbeitung müssen die binären Informationen der im Schnittpunkt der Spalte i (i = 1 ÷ 16) und der Zeile j (j = 1 ÷ 16) liegenden Schaltelemente P_{ij} ausgewertet werden. Die Sollwerterzeugung kann dabei ebenfalls erfolgen durch:

- Abtasten eines Musterwerkstückes oder durch
- Vorgabe eines Zielkriteriums (z.B. Größe der Auflagefläche).

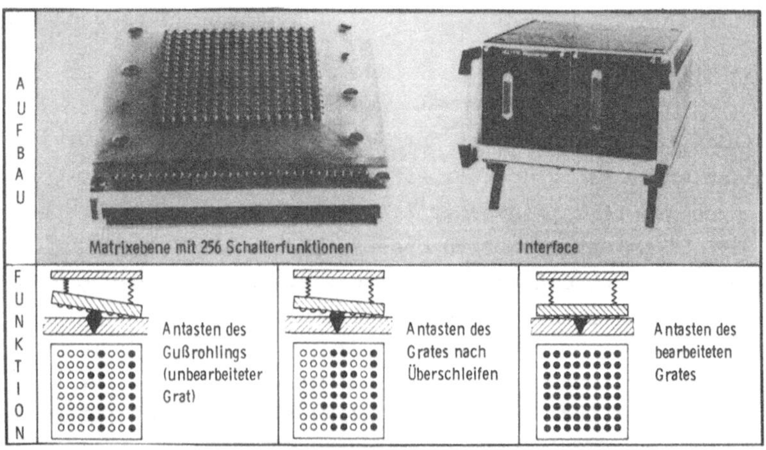

Bild 48: Aufbau und Funktion eines taktilen Flächensensors

Versuche an einem Gußwerkstück mit ebener Anschnittfläche zeigen, daß bei beiden Verfahren zur Sollwerterzeugung die Summe der gedrückten Schaltelemente P_{ij} (≙ Größe der Auflagefläche) als Kenngröße geeignet ist. Diese Kenngröße erlaubt einen einfachen Auswertealgorithmus und ist gegenüber Formtoleranzen, die zu einer Verschiebung des Flächenmusters führen, weitgehend unempfindlich.

Die Meßwerterfassung am gratbehafteten Werkstück wird über ein Verkettungssignal des PHG ausgelöst, wobei bei einer ungenügenden Auflagefläche der Sensorrechner einen weiteren Schnitt initiiert (Strategie I, 3, 4, 7 ; s. Bild 25).
Die Versuche mit dem entwickelten Sensor zeigen, daß bei einer ebenen Werkstückoberfläche eine Grathöhe von $h_g \geq 0{,}3$ mm und ein Absatz (Formversatz) von $h \geq 0{,}2$ mm erkannt werden können.

7.4 Sensoren zur prozeßbegleitenden Grathöhenmessung

7.4.1 Sensoraufbau und Systemintegration

Eine wesentliche Forderung des Pflichtenheftes ist die prozeßbegleitende Meßwerterfassung. Diese Forderung war bei taktilen Zeilen- oder Matrixsensoren aufgrund der Kollisionsgefahr nur unbefriedigend zu erfüllen.
Von den zur prozeßbegleitenden Grathöhenmessung geeigneten Funktionsprinzipien weist die Erfassung der Werkzeugauslenkung erhebliche Vorteile bezüglich Funktionssicherheit und dem Einsatz bei unterschiedlichen Gußwerkstücken auf. Dieses Prinzip erlaubt die geforderte Programmiervereinfachung, indem die Kontur über einprogrammierte Stützpunkte grob vorgegeben und der exakte Konturverlauf an einem Musterwerkstück abgetastet wird. Die dabei gewonnenen Abtastwerte werden im Sensorrechner als Sollwerte gespeichert. Ein Vergleich mit den am gratbehafteten Gußwerkstück gewonnenen Abtastwerten führt zu der Grathöhe.

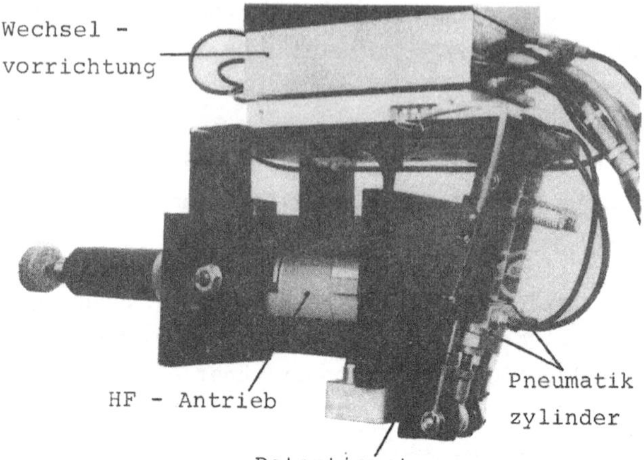

Bild 49: Beispiel einer Werkzeug-Sensoreinheit zur prozeßbegleitenden Messung der Grathöhe

Die in Bild 49 exemplarisch dargestellte Werkzeug-Sensoreinheit besteht aus einem im Schwerpunkt gelagerten Hochfrequenz-Antrieb, der mit Hilfe von zwei Pneumatikzylindern gegen das Werkstück gepreßt wird. Der notwendige Meßbereich orientiert sich an der Summe der voraussichtlich auftretenden Toleranzen T_{wr}, T_F, T_A und h_g. Er wurde aufgrund der in der Analyse festgestellten Toleranzen auf 40 mm festgelegt.

Die Auslenkung des Werkzeuges erfaßt ein Präzisions-Karbonfilmpotentiometer. Die die Werkzeugauslenkung kennzeichnenden Potentiometerwerte werden über einen A/D-Wandler in den Rechner eingegeben, der wiederum über einen D/A-Wandler den Spannung/Druck-Wandler ansteuert und somit die Anpreßkraft des Werkzeuges bestimmt. Die Synchronisation von PHG und Sensorrechner wird mittels eines Startsignals zum Meßbeginn und dem Signal "Freigabe Fahren" erzielt (s. Bild 50).

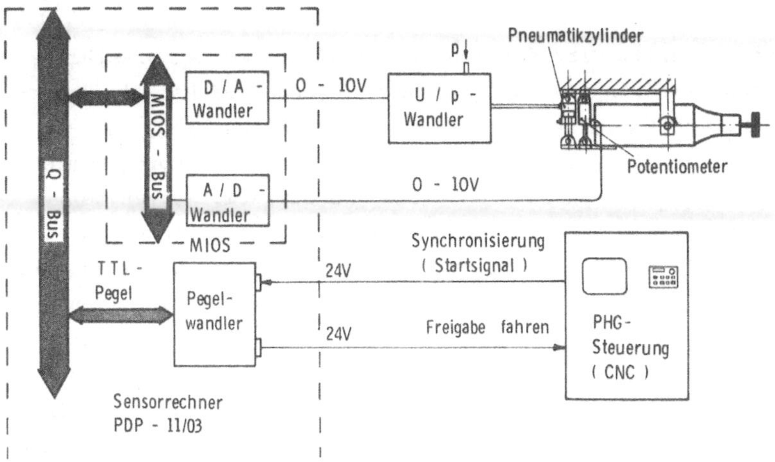

Bild 50: Systemaufbau zum Entgraten mit dem Sensor zur prozeßbegleitenden Grathöhenmessung

7.4.2 Signalverarbeitung

Art und Umfang der Signalverarbeitung bei der prozeßbegleitenden Grathöhenmessung soll beim Abtasten eines einfachen Konturabschnittes erläutert werden (s. Bild 51).

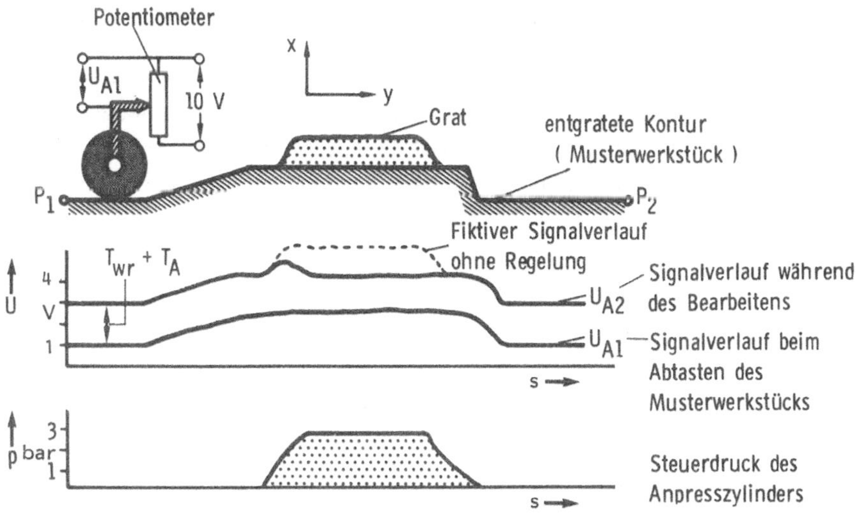

Bild 51: Typischer Signalverlauf des Sensors für prozeßbegleitende Grathöhenmessung

Im ersten Schritt wird der Konturverlauf des Musterwerkstückes näherungsweise einprogrammiert. Dazu werden zunächst die Stützpunkte P_1 und P_2 im Teach-in-Betrieb mit dem Werkzeug angefahren und in die PHG-Steuerung abgespeichert (Grobprogrammierung). Im zweiten Schritt fährt das PHG das somit erzeugte Bewegungsprogramm ab, wobei das Werkzeug auf der Kontur abrollt und mit Hilfe des Linearpotentiometers das Signal U_{A1} entsteht. Dieses wird in einem fest vorgegebenen zeitlichen Takt (Punktabstand ca. 0,1 bis 2,0 mm) in den Speicher des Sensorrechners als Sollfunktion eingelesen (Abtastprogrammierung). Im dritten Schritt wird das entgratete Musterwerkstück gegen ein gratbehaftetes Werkstück ausgetauscht und bei dem nun folgenden Bearbeitungszyklus werden die aktuellen Meßwerte des Potentiometers (U_{A2}) mit dem entsprechenden Sollwert (U_{A1}) verglichen. Der Bearbeitungszyklus beginnt mit dem Abtasten des Punktes P_1. Die dabei gemessene Differenz $T_{wr} + T_A$, die die Werkzeugradiusänderung und die Aufspanntoleranz in x-Richtung darstellt, wird bei der Berechnung der Regelabweichung als Konstante berücksichtigt. Die Regelabweichung Re, die proportional zur verbleibenden Restgrathöhe ist, berechnet sich dabei wie folgt:

$$Re = U_{A2} - U_{A1} - (T_{wr} + T_A) \qquad (12)$$

Aus der Regelabweichung kann über den im Rechner abgelegten Regelalgorithmus der notwendige Steuerdruck p des Pneumatikzylinders berechnet werden. Beim Überschleifen der Kontur werden die verbliebenen Regelabweichungen an den einzelnen Abtastpunkten mit der zulässigen Restgrathöhe $h_{g(zul)}$ verglichen, und gegebenenfalls ($h_g > h_{g(zul)}$) ein weiteres Überschleifen der Kontur initiiert (s. <u>Bild 52</u>).

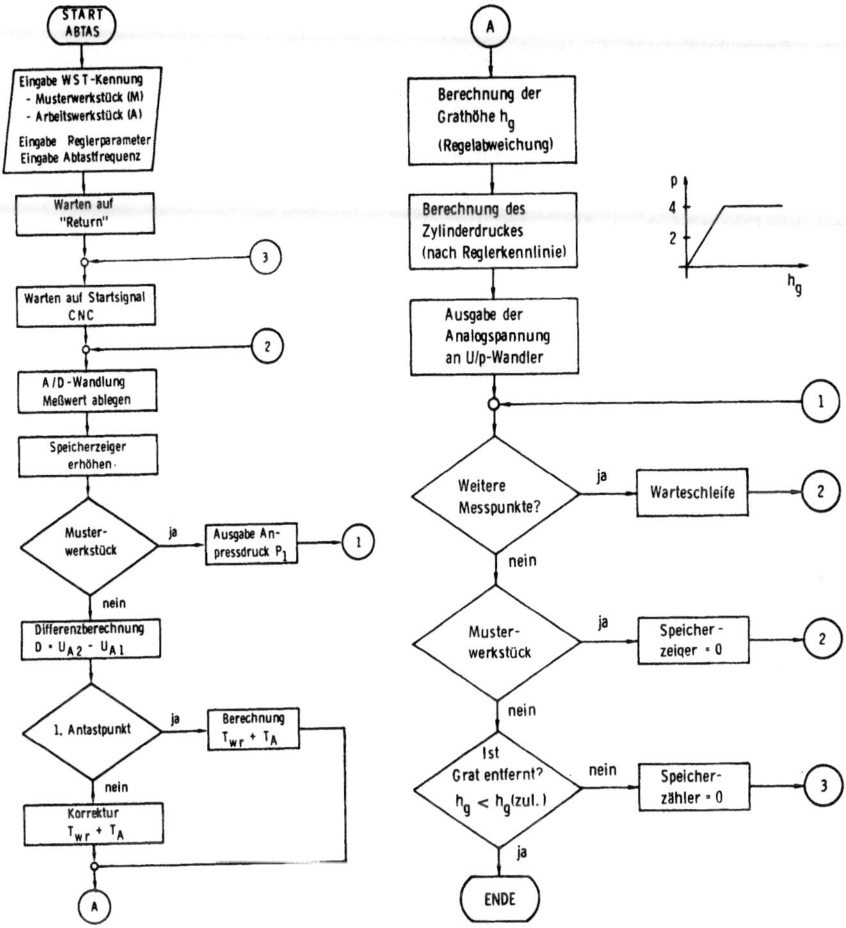

Bild 52: Assemblerprogramm ABTAS zum Abtasten und Bearbeiten einer gratbehafteten Kontur mit dem Grathöhensensor

Da sowohl beim Abtasten des Musterwerkstückes als auch beim anschließenden Bearbeiten die Werkstückkontur relativ zur Bahn des PHG gemessen wird, werden systematische Bahnabweichungen des PHG, die in beiden Fällen auftreten, kompensiert. Stochastische Einflüsse auf die Wiederhol- und Bahngenauigkeit des PHG erzeugen jedoch Abtastfehler und begrenzen somit die erreichbare Restgrathöhe. Versuchsdurchführungen, die unter 8.4 beschrieben sind, bewerten diese Fehlereinflüsse und zeigen den Anwendungsbereich dieses Sensors auf.

8 Erprobung von Gesamtsystemen

8.1 Aufbau der Versuchseinrichtungen

Die Erprobung der elastischen Werkzeugaufhängungen und der entwickelten Sensoren sowie die Beurteilung der verschiedenen Strategien zur Signalverarbeitung erfolgte an dem in Bild 53 dargestellten Gußputz-Pilotarbeitsplatz. Bei der Konzeption dieses Aufbaus wurde berücksichtigt, daß unterschiedliche werkstückspezifische Anforderungen bezüglich Aufspannung, Werkzeuge, Sensoreinsatz und Signalverarbeitung mit geringem Umrüstaufwand erfüllt werden können.

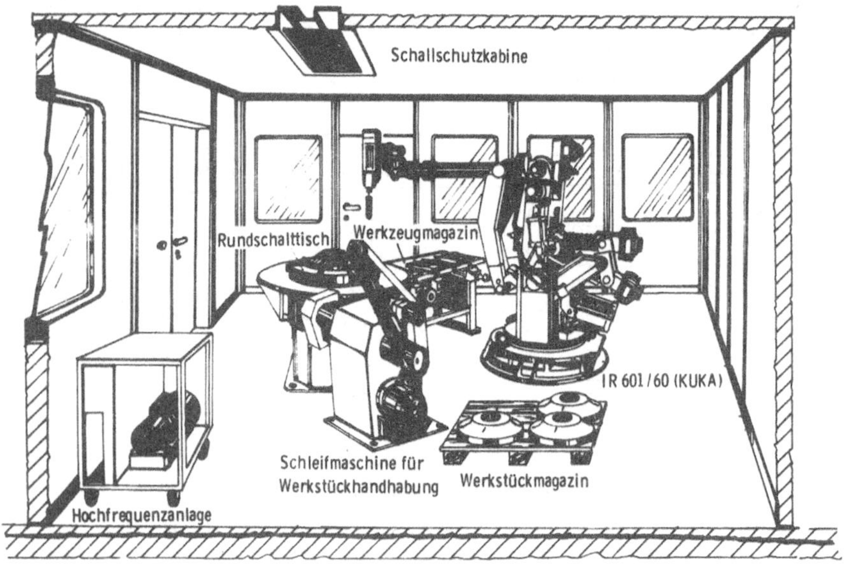

Bild 53: Aufbau des Pilotarbeitsplatzes mit dem PHG "IR 601/60"

Die Versuche wurden mit dem PHG "IR 601/60" (Fa. KUKA) und dem PHG "PM-12" (Fa. PFAFF) durchgeführt. Der stabile Aufbau des 6-achsigen PHG "IR 601/60" erlaubt dynamische Bearbeitungskräfte bis zu 600 N. Die CNC-Steuerung des PHG ermöglicht die zum Gußputzen notwendigen Programmierbefehle wie z.B. Linearinterpolation und Programmverschiebung zur Werkzeugkorrektur. Sensoren können über ein IEC-Bus-Interface oder über binäre Sensoreingänge angeschlossen werden. Letztere ermöglichen eine Beeinflussung der Bahngeschwindigkeit als auch des Bahnverlaufs, wobei die Korrekturrichtungen auf die Bahntangente und Werkzeugachse bezogen sind.

Das 5-achsige, pneumatisch angetriebene PHG vom Typ "PM-12" ist für ein Handhabungsgewicht bis zu 30 kg ausgelegt. Zur Verkettung mit Sensoren und übergeordneten Rechnern besitzt die microrechnergestützte Steuerung des PHG eine Schnittstelle zur sogenannten "externen Datenvorgabe". Über diese Schnittstelle können im wesentlichen Positionssollwerte für die 5 Achsen, Geschwindigkeitssollwert und die Programmnummer für ein Unter- bzw. Wiederholprogramm übertragen werden, so daß ein vollständiges Bewegungsprogramm von einem übergeordneten Sensorrechner vorgegeben werden kann.

An dem Pilotarbeitsplatz können Werkstücke bis zu einem Gewicht von 1000 kg mit Hilfe eines NC-gesteuerten Dreh- und Schwenktisches im Arbeitsraum des PHG positioniert werden. Zur Bearbeitung des Werkstückes stehen unterschiedliche Druckluft-, Hochfrequenz- und 50Hz-Elektrowerkzeuge zur Verfügung, die das PHG über eine automatische Werkzeugwechselvorrichtung aus einem Werkzeugmagazin entnehmen kann. Die Werkzeugwechselvorrichtung besteht aus je einem PHG-seitigen bzw. werkzeugseitigen Flansch, wobei das Fügen der beiden Flansche und die Kraftübertragung mittels zweier Kegel erfolgt. Dieses Prinzip ermöglicht ein sicheres Fügen der Steckverbindungen und erlaubt bei flacher Bauweise einen großen Kraft-/Momentenfluß. Der Aufbau und das Funktionsprinzip der Wechselvorrichtung sowie die mögliche Anordnung der Kraft- und Momentaufnehmer sind in <u>Bild 54</u> dargestellt.

Der zur Sensorsignalverarbeitung ausgewählte Rechner (PDP-11/03) ist zur Programm- und Datenspeicherung mit 32 kByte (1 kByte $\hat{=}$ 1024 x 8 bit) Speicher ausgestattet. Die Datenkommunikation mit der PHG-Steuerung erfolgt über ein modulares Ein-/Ausgabesystem mit Baustein für A/D- bzw. D/A-Wandlung.

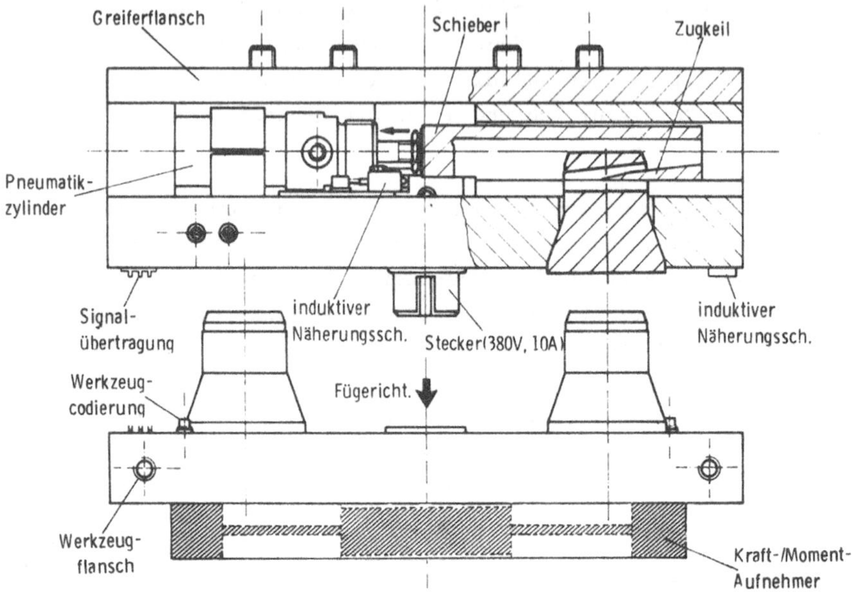

Bild 54: Funktionsprinzip der Werkzeugwechselvorrichtung und Anordnung der Kraft- und Momentaufnehmer

Auf dem Prozeßrechner wurde ein modulares Programmsystem PES (Programmsystem zum Entgraten mit Sensorrückführung) erstellt, so daß die im Rahmen der Grundlagenversuche notwendigen Signalverarbeitungsprogramme für die entwickelten Aufnehmer sowie die Berechnung und Übergabe von verschiedenen Stellgrößen durchgeführt werden können. Das Programmsystem PES beinhaltet darüberhinaus Module zur Programmierung von gratbehafteten Konturen, zur Koordinatentransformation sowie zur Ermittlung von technologischen Kenngrößen.

8.2 Versuchsdurchführung mit passivem Toleranzausgleich

8.2.1 Ermittlung der Einsatzkriterien für Werkzeugaufhängungen mit einstellbarer Nachgiebigkeit

Der Anwendungsbereich von elastischen Werkzeugaufhängungen ist durch die Tatsache eingeengt, daß keine Federkennlinie gleichzeitig eine minimale Restgrathöhe bei minimaler Werkstückbeschädigung und maximaler Überlastsicherheit ermöglicht. Versuche zur Abgrenzung dieses Anwendungsbereiches zeigen, daß das Verhältnis von Gratfußbreite b_g zur Auflagenbreite b_a des Werkzeuges ein wesentliches Einsatzkriterium darstellt. Dieses Verhältnis beeinflußt bei einer vorgegebenen zulässigen Abtragstiefe h_w die auftretende Restgrathöhe h_g. Eine relativ große Auflagenbreite senkt beim Erreichen von $h_g = 0$ die spezifische Bearbeitungskraft, so daß trotz der auftretenden Toleranzen nur eine geringe Abtragstiefe h_w am Werkstück hingenommen werden muß. Eine differenzierte Darstellung dieses Zusammenhangs ergibt sich aus einer Versuchsreihe, die mit einem elastisch gelagerten Schleifwerkzeug (Elastomerfeder und Tellerfeder) an einem vereinfachten, aber reproduzierbaren Gratprofil durchgeführt wurde (s. Bild 55).

T_A+T_F / b_a/b_g	T_A+T_F = 1 mm		T_A+T_F = 2 mm		T_A+T_F = 4 mm	
	Elastomerfeder	Tellerfeder	Elastomerfeder	Tellerfeder	Elastomerfeder	Tellerfeder
b_a/b_g = 1	0.9	0.7	1.7	1.4	3.5	3.8
b_a/b_g = 3	0.5	0.3	0.9	0.9	3.0	3.2
b_a/b_g = 5	0.4	0.3	0.4	0.5	2.5	2.6
b_a/b_g = 10	0.2	0.2	0.3	0.6	1.2	1.8
b_a/b_g = 15	0	0	0	0	0.8	1.2

h_g < 0.5 mm

Versuchsbedingungen

h_g = 0 ÷ 4 mm; b_g = 1 mm = const.

$h_{w(zul)}$ = 0.3 mm; $h_{g(zul)}$ = 0.5 mm

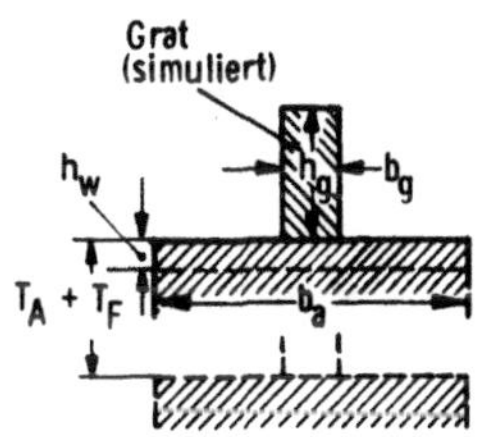

Bild 55: Erreichbare Restgrathöhe h_g in Abhängigkeit der auftretenden Toleranzen T_A, T_F und des Verhältnisses b_a/b_g

Eine Auswertung der Versuchsergebnisse ergibt, daß bei den vorgegebenen Versuchsbedingungen ein zufriedenstellendes Entgratergebnis nur erreicht werden kann, wenn das Verhältnis b_a/b_g > 3... 5 ist. Wird eine kleinere Restgrathöhe h_g < 0,2 mm gefordert (typisch für AL-Druckguß), so ist für den Einsatz einer elastischen Werkzeugaufhängung ein Verhältnis von $b_a/b_g \geq 10$ notwendig. Darüberhinaus zeigt Bild 55, daß die Toleranzsumme ($T_A + T_F$) in Grathöhenrichtung nicht größer als $4h_{g(zul)}$ sein sollte.

Das an dem vereinfachten Gratquerschnitt gewonnene Ergebnis wurde an Gußwerkstücken mit unterschiedlicher Gratausprägung überprüft, wobei sich die oben aufgezeigten Anwendungsgrenzen bestätigten. Bild 56 zeigt beispielhaft die Ergebnisse einer Versuchsdurchführung an einem Maschinengestell, mit einer in Gratlängsrichtung stark variierenden Gratausprägung. Das Werkstück ist durch vorwiegend ebene Gratfußflächen gekennzeichnet und ermöglicht eine breite Auflagefläche ($5 < b_a/b_g < 15$) des Werkzeuges.

Werkstück	Bearbeitungsaufgabe	verwendetes Werkzeug	Randbedingungen
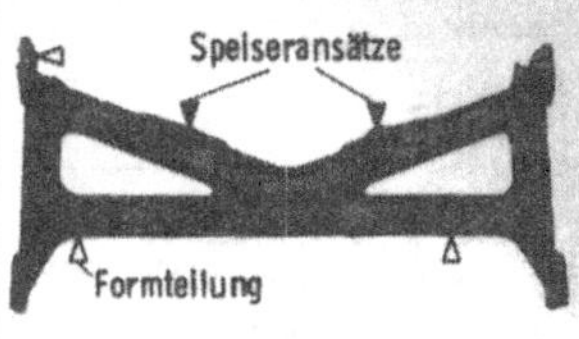 Maschinengestell / GGL	o Entfernen der Speiseransätze (Maximalwerte): $A_g = 10\,mm^2$; $h_g = 5\,mm$ o Entgraten an Formteilung: $h_g = 0 \div 6\,mm$ o zul. Restgrathöhe $= 0{,}5\,mm$	Antrieb: pneumatisch 0,5 kW Schleifstift: Zylinderform Ø 30 mm	Vorschubgeschwindigkeit: u = 8 mm/s Anzahl der Schnitte an der Formteilung: 2 Anzahl der Schnitte am Speiseransatz: 4

Elastische Werkzeugaufhängung		Versuchsergebnisse		
Aufbau	qualitativer Kennl.verlauf	max. Restgrathöhe	Oberflächenqualität	Gratbeseitigung / $T_{wr\,(zul.)}$
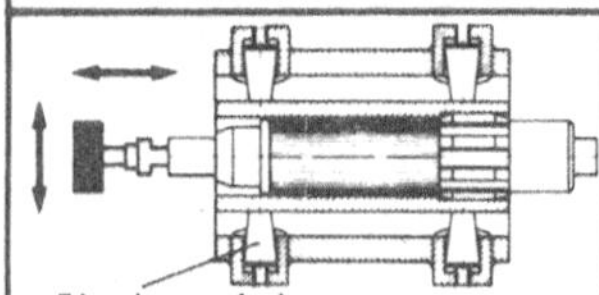	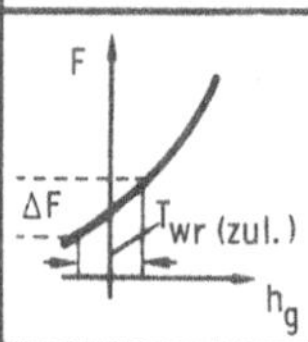	Speiseransatz: 1,1 mm Formteilung: 1,0 mm	nicht befriedigend; Rattermarken	ca. 60 % 2,5 mm
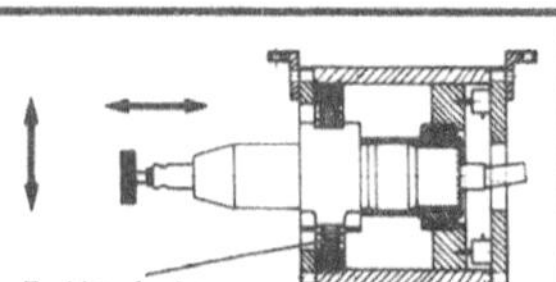	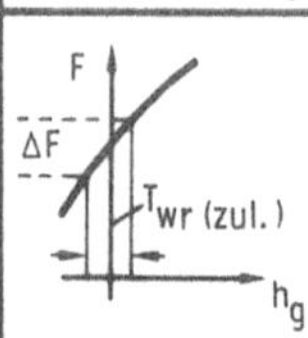	Speiseransatz: 1,5 mm Formteilung: 0,6 mm	befriedigend	ca. 85 % 1,5 mm
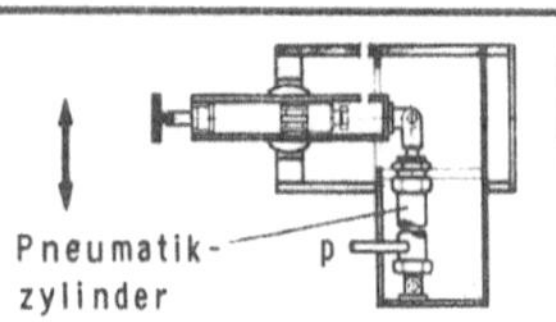	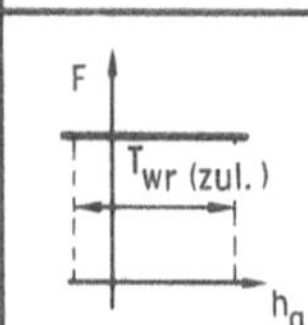	Speiseransatz: 1,5 mm Formteilung: 0,3 mm	gut	ca. 75 % 20 mm

Bild 56: Versuchsergebnisse beim Entgraten mit elastischen Werkzeugaufhängungen

Bild 56 zeigt, daß die mit Elastomerfedern ausgerüstete Werkzeugaufhängung aufgrund der progressiven Kennlinie auch die großen Gratquerschnitte am Speiseransatz weitgehend beseitigen kann, aber aufgrund der Hysterese und der geringen Dämpfung insgesamt kein befriedigendes Ergebnis ermöglicht. Die auf der Tellerfederkombination aufbauende Werkzeugaufhängung erlaubt eine Gratbeseitigung von 85 %, wobei aufgrund der steil ansteigenden, degressiv verlaufenden Federkennlinie aber nur ein relativ kleiner Werkzeugverschleiß (ca. 1,5 mm) zulässig ist und große Gratquerschnitte ungenügend zerspant werden. Der Einsatz eines Pneumatikzylinders führt zu einer vollständigen Gratbeseitigung im Bereich der kleinen Gratquerschnitte (Formteilung). Aufgrund des in Gratlängsrichtung konstanten Abtragsvolumens verbleibt bei großen Gratquerschnitten (z.B. Steigerrest) eine Restgrathöhe im Bereich von 2 mm.

Der bei Schleifwerkzeugen auftretende radiale Werkzeugverschleiß führt zu einer Verlagerung des Arbeitspunktes des Federsystems, so daß nur ca. 5 ÷ 15 % des Verschleißvolumens des Schleifstiftes ausgenützt werden können. Beim Übergang zu Werkzeugen mit definierter Schneidengeometrie (z.B. Fräser) entfällt ein nennenswerter radialer Werkzeugverschleiß, so daß ein konstanter Arbeitspunkt eingehalten werden kann. Die beim Eingriff der Schneiden auftretenden Kraftspitzen führen beim Einsatz von elastischen Werkzeugaufhängungen jedoch oft zu unzulässigen Vibrationen. Beim Zerspanen von variierenden Gratquerschnitten bei Eisenwerkstoffen mit Hilfe von elastisch gelagerten Werkzeugen erscheint somit das Fertigungsverfahren "Fräsen" nicht geeignet.

Der Arbeitspunkt der Federelemente wird bei der Konturprogrammierung im Hinblick auf die zu erwartende mittlere Grathöhe $A_{g(m)}$ festgelegt. Die Versuche an verschiedenen Gußwerkstücken zeigen, daß unter Zugrundelegung der jeweils geforderten Entgratqualität ein Verhältnis von $A_{g(max)} / A_{g(m)} > 3$ keine zufriedenstellende Entgratergebnisse zuläßt. Sind jedoch die Positionen der maximal auftretenden Gratquerschnitte bekannt, so kann bei Verwendung einer programmierbaren Nachgiebigkeit auch eine größere Variation der Gratausprägung zugelassen werden.

8.2.2 Anwendung einer Werkzeugaufhängung mit programmierbarer Nachgiebigkeit

Ein typisches Werkstück für die Anwendung einer Werkzeugaufhängung mit programmierbarer Nachgiebigkeit ist in Bild 57 dargestellt. Das Aluminium-Druckgußwerkstück ist durch eine stark variierende Gratausprägung ($A_{g(max)}$ = ca. 13 mm^2) gekennzeichnet, wobei jedoch die Positionen der minimalen und der maximalen Gratquerschnitte aufgrund des gleichmäßigen Formenverschleißes über einen längeren Zeitraum konstant und somit bekannt sind. Da an dem Werkstück vorwiegend gekrümmte Gratfußflächen auftreten, ist durch die Gestaltung der Werkzeugaufhängung eine Reduzierung des Programmieraufwandes anzustreben.

Aufgrund dieser Werkstückeigenschaften erscheint die Anwendung einer Werkzeugaufhängung, deren elastisches Verhalten über eine pneumatische Feder programmiert wird, geeignet.

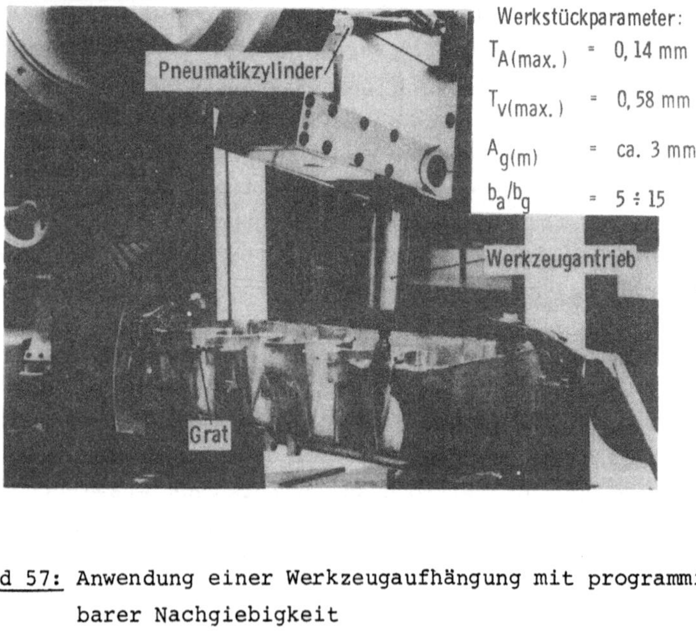

Bild 57: Anwendung einer Werkzeugaufhängung mit programmierbarer Nachgiebigkeit

Zur Versuchsdurchführung wird eine, den Forderungen des Pflichtenheftes entsprechende Werkzeugaufhängung mit einem balligen Formfräser eingesetzt, so daß auch bei kleinen Winkelverlagerungen noch eine relativ große Auflagenbreite b_a erreicht werden kann. Aufgrund der unterschiedlichen, programmierten Anpreßdrücke können die variierenden Gratquerschnitte ($A_{g(max)}/A_{g(m)} > 4$) mit einem Schnitt entfernt werden, so daß hier - gegenüber Werkzeugaufhängungen mit einstellbarer Nachgiebigkeit - eine Verbesserung bezüglich Bearbeitungszeit und Entgratqualität erreicht werden kann. An den Konturabschnitten wird im wesentlichen(ca. 95 %) eine zufriedenstellende Oberflächengeometrie erreicht. An Konturabschnitten mit variierendem Gratquerschnitt und mit einem Verhältnis $b_a/b_g < 10$ besteht, aufgrund der konstanten Abtragsleistung, jedoch die Gefahr einer unzulässigen Abtragtiefe h_w.

Bei Verwendung von derartigen, im Schwerpunkt gelagerten Schleifwerkzeugen führt der Radienverschleiß meistens zu einer unerwünschten Schrägstellung des Werkzeuges und zu einer Verlagerung des Eingriffspunktes, so daß hier der zulässige Radienverschleiß in der Praxis begrenzt ist (s. Bild 58).

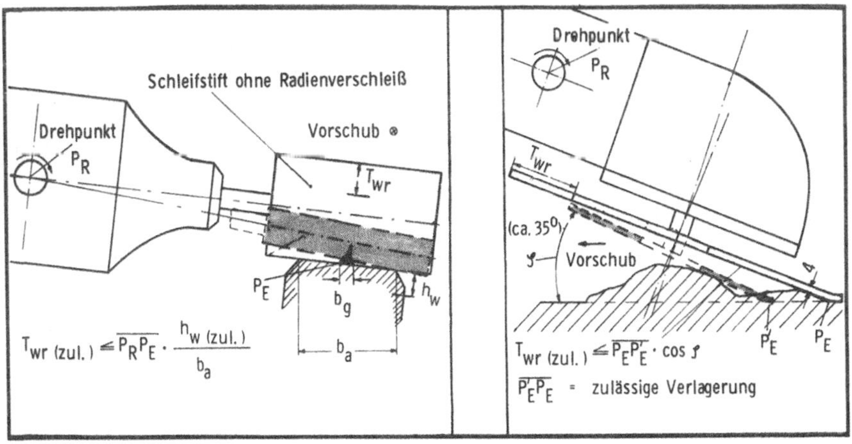

Bild 58: Werkzeugverlagerung durch Werkzeugradienverschleiß

Die in Bild 58 dargestellten Gleichungen zeigen, daß der zulässige radiale Werkzeugverschleiß von der zulässigen Abtragstiefe h_w bzw. einer zulässigen Verlagerung der Schleifscheibe in Gratlängsrichtung ($\overline{P_E P_E'}$) abhängt.
Werden für $h_{w(zul)}$ und $\overline{P_E P_E'}$ typische Werte zugrundegelegt, so beträgt für den Geradschleifer $T_{wr(zul)} = 4 \div 10$ mm und für den Winkelschleifer $T_{wr(zul)} = 10 \div 30$ mm, so daß bei derartigen Werkzeugaufhängungen ein Verschleißvolumen von 3o ÷ 5o % ausgenutzt werden kann.

Die pneumatische Feder als Funktionsträger für eine programmierbare Nachgiebigkeit erlaubt somit - im Vergleich zu Metall- oder Elastomerfedern - eine größere Anwendungsbreite bezüglich der eingesetzten Werkzeuge und des zu entgratenden Werkstückspektrums.

8.3 Versuchsdurchführung mit Kraft- und Momentsensoren

8.3.1 Erprobung der Signalverarbeitung

Die Beschreibung des Anwendungsbereiches von Mehrkomponentenaufnehmern setzt die Kenntnis des gesamten, bei der Meßwerterfassung und Signalverarbeitung entstehenden Fehlers voraus. Zur Ermittlung dieses Fehlers werden in definierten Punkten im Arbeitsraum des PHG jeweils Kräfte von 50 N und 100 N parallel zu den Achsen des raumfesten Systems aufgebracht. Die Meßwerterfassung erfolgt mit Hilfe des Aufnehmers vom Typ 6/200.
Die 11 Meßpunkte sind dabei gleichmäßig auf den Verfahrbereich jeder Achse aufgeteilt (s. Bild 59). Durch diese Anordnung der Meßpunkte kann die Gültigkeit der Transformation im gesamten Arbeitsraum des PHG überprüft und der Meßfehler des Sensors ermittelt werden.

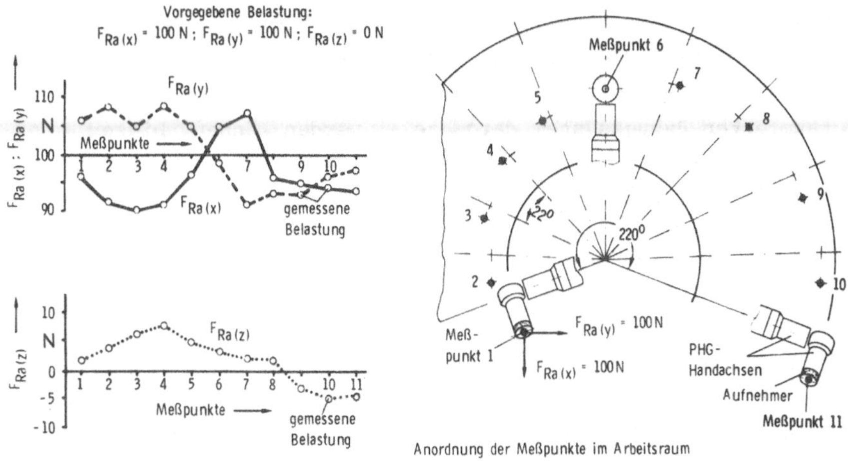

Bild 59: Erprobung eines Kraft- und Momentsensors im Arbeitsraum des PHG

Die Signalauswertung wurde mit Hilfe des Programmsystems PES und nach der in 6.4.1 beschriebenen Methode durchgeführt. Der störende Einfluß der auf das Werkzeug einwirkenden Gewichtskraft wird durch eine unmittelbar vor dem Meßvorgang erfolgende Tarierung beseitigt.

Bild 59 zeigt die Abweichung zwischen den tatsächlich aufgebrachten Kräften $F_{Ra(x)}, F_{Ra(y)}$ und den zugehörigen berechneten Werten. Der Fehler, der in der gesamten Meßkette dabei entsteht, beträgt durchschnittlich 5,6 %, wobei jedoch unter ungünstigen Umständen Fehlerspitzen bis zu 10% auftreten.

Ein Anteil von ca. 3 % am Gesamtfehler kann der Hysterese und dem Übersprechen des Aufnehmers zugeordnet werden. Der restliche Meßfehler entsteht vorwiegend durch Nichtlinearitäten und Rundungsfehler bei der Erfassung der Achspositionen des PHG und bei der Berechnung der trigonometrischen Funktionen. Er kann durch einen entsprechenden Mehraufwand (z.B. höhere Rechengenauigkeit) bei der Auswertung berücksichtigt werden. Der gesamte Fehler bei der Meßwerterfassung und Signalverarbeitung mit 5 ÷ 10% dürfte jedoch für die im Rahmen des Gußputzens und Entgratens geforderte Bearbeitungsqualität zulässig sein.

Die durchgeführten Versuche zeigen, daß über eine mehrstufige Transformation die auf das Gußputzwerkzeug einwirkenden Schnittkräfte - unabhängig von der Achsstellung des PHG - in einem raumfesten Bezugssystem dargestellt werden können. Dieser Schritt schafft die Voraussetzung für eine Regelstrategie, wie sie z.B. beim Abtasten oder Überschleifen eines Werkstückes mit konstanter Anpreßkraft gefordert wird.

8.3.2 Ermittlung von technologischen Kenngrößen

Der optimale Einsatz eines Kraft- und Momentaufnehmers erfordert die Kenntnis des Zerspanungsprozesses beim Gußputzen und Entgraten. Die Ermittlung der wesentlichsten technologischen Kenngrößen wurde an dem in Bild 60 dargestellten Versuchsaufbau durchgeführt.

Bild 60: Versuchsaufbau für Grundlagenversuche und Sensorerprobung mit PHG "PM-12"

Eine wichtige Kenngröße für den Zerspanungsprozeß stellen die technologischen Schnittkräfte dar. Zu deren Berechnung muß der Schnittkraftvektor F_{Ra} in Komponenten orthogonal zur Oberfläche (Normalkraft) und Bahnrichtung (Tangentialkraft) zerlegt werden. Versuche zeigen, daß das Verhältnis F_N/F_T beim Entgraten von GGL-Werkstücken mit zylinderförmigen Schleifstiften die Werte 1,8... 3,5 annimmt. Dies bestätigt die Annahme, daß die Schnittkraft näherungsweise in Normalenrichtung wirkt und somit als Basis für eine Korrekturrichtung geeignet ist. Allerdings muß unter ungünstigen Bedingungen ($F_N/F_T \leq 1{,}8$) eine Abweichung der Schnittkraft von der Normalenrichtung von ca. 30 % hingenommen werden.

Eine Abschätzung der voraussichtlich am Gußwerkstück auftretenden Schnittkräfte kann über die spezifische, auf das Zerspanvolumen pro Zeiteinheit bezogene, Normalkraft F_N' erfolgen /54/. Bei Versuchen an 3 repräsentativen Gußwerkstücken (A_g = 2÷30mm^2) wurde eine spezifische Normalkraft ermittelt zu:

$$F_N' = 2{,}1 \div 3{,}3 \text{ Ns/mm}^3$$

Wie technologische Untersuchungen des Schleifprozesses zeigen, unterliegen derartige spezifische Größen einer Vielzahl von Einflußfaktoren /52/. Von besonderem Einfluß beim Gußputzen ist dabei die Gratquerschnittsform, da schlanke Grate beim Kontakt mit dem Schleifwerkzeug abbrechen und somit zu einer Reduzierung von F_N' führen.

8.3.3 Entgraten mit werkstückvariabler Schnittanzahl

Der Einsatz elastischer Werkzeugaufhängungen erlaubt an dem in Bild 56 dargestellten Maschinengestell nur eine unzureichende Entgratqualität.
Durch den Einsatz eines Kraft- und Momentsensors an diesem Werkstück soll eine Verbesserung des Entgratergebnisses sowie eine vergleichende Aussage zur Anwendung von aktiven und passiven Systemen erreicht werden.

Da das verwendete Werkstück nur geringe Formtoleranzen aufweist, kann der Grat ohne aktive Beeinflussung der Werkzeugbahn durch ein mehrmaliges Überschleifen (Strategie II, 1,6,12) entfernt werden. Die nach jedem Schritt verbleibende Grathöhe wird durch die Elastizität des PHG bestimmt. Der Sensorrechner aktiviert das Bearbeitungsprogramm so oft bis eine maximal zulässige Kraft (Begrenzung von F_S oder F_N möglich) nicht mehr überschritten wird. Zur Reduzierung der notwendigen Bearbeitungszeit wird die Gratkante in die zwei Konturabschnitte $\overline{AB}$

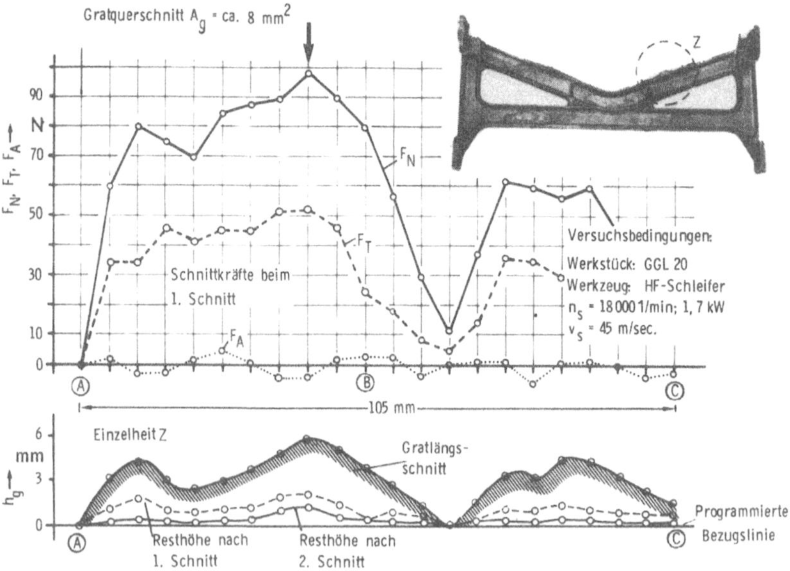

Bild 61: Verlauf der technologischen Schnittkräfte und der Grathöhe an einem Konturabschnitt

und $\overline{BC}$ unterteilt und jedem Abschnitt ein Bearbeitungsprogramm zugeordnet (s. Bild 61).

Werden die Programmroutinen zur Krafterfassung im 20 ms-Rhythmus durchgeführt, treten Resonanzschwingungen im Bereich von ca. 30 ÷ 40 Hz und mit einer Amplitude von ca. 20 % der Nennbelastung auf. Eine ausreichende Glättung des Signalverlaufs kann über einen Tiefpaß 1. Ordnung oder über eine Mittelwertbildung aus mehreren Meßwerten erfolgen.

Die Versuche zeigten, daß bei einem programmierten Grenzwert von F_N = 20 N für den Abschnitt $\overline{AB}$ vier Schnitte und für $\overline{BC}$ zwei Schnitte ausreichend sind, um die werkstückspezifischen Abnahmebedingungen (ca. 0,5 mm zulässige Restgrathöhe) zu erfüllen.
Im Gegensatz zu den elastischen Werkzeugaufhängungen kann mit Hilfe des Sensors die notwendige Gratbeseitigung auch an dem Speiseransatz erreicht werden ($h_g < 0,4$ mm). Der Einsatz eines derartigen Sensors erscheint sinnvoll bei Werkstücken, die durch eine sehr unterschiedliche Gratausprägung bzw. ein variierendes Zerspanungsvolumen längs der Werkstückkontur gekennzeichnet sind ($A_{g(max)} / A_{g(m)} > 4$). Allerdings hat auch hier eine große Auflagenbreite b_a einen positiven Einfluß auf die erreichbare Restgrathöhe, so daß ein großes Verhältnis b_a/b_g den Sensoreinsatz begünstigt.

8.4 Versuchsdurchführung mit dem Sensor zur prozeßbegleitenden Grathöhenmessung

8.4.1 Ermittlung der Fehlereinflüsse beim Abtasten

Der Sensor zur prozeßbegleitenden Grathöhenmessung erfaßt die Kontur des Musterwerkstückes und die Kontur des gratbehafteten Werkstückes relativ zum Bahnverlauf des PHG. Dieses Funktionsprinzip erfordert eine Übereinstimmung des Bahnverlaufs beim Abtasten des Musterwerkstücks und beim darauffolgenden Bearbeiten. Eventuelle Abweichungen führen zu Meßfehlern. Die wichtigsten Faktoren, die die Reproduzierbarkeit der Bewegungsbahn negativ beeinflussen,sind:

- Bahnstreubreite des PHG (z.B. durch Regelschwingungen)
- mangelnde Geschwindigkeitskonstanz des PHG
- elastische Verformung des PHG durch F_N oder F_S

Die Bahnstreubreite des PHG wurde durch ein mehrmaliges Abtasten des in Bild 62 dargestellten Profils zu 0,3 mm (in Abtastrichtung) ermittelt. Die mittlere Bahngeschwindigkeit zwischen zwei Punkten P_1 und P_2 differiert dabei um weniger als 0,8 %, so daß bei einem zulässigen Versatz in Bahnrichtung von 2 mm nach 250 mm Bahnlänge ein neues Synchronisierungssignal erforderlich ist.

Eine am Werkzeug angreifende Vertikalkraft bewirkt bei dem eingesetzten PHG eine Verlagerung des Werkzeuges um 0,02 mm/N. Dieser systematische Fehler kann z.Teil kompensiert werden, wenn das Musterwerkstück mit dem mittleren Anpreßdruck von p_1 = 2bar abgetastet wird.
Ein weiterer systematischer Meßfehler entsteht durch die geometrische Verzerrung beim Abtasten mit unterschiedlich großen Werkzeugradien. Diese, durch den Verschleiß des Werkzeuges auftretende Radienänderung kann bei dem vorliegenden Verfahren zur Sensorsignalverarbeitung nur parallel zur Abtastrichtung kompensiert werden. Dabei entsteht an Konturabschnitten, deren Normalenrichtung nicht parallel zur Abtastrichtung verläuft, ein Abtastfehler, dessen Größe in Bild 62 dargestellt ist.
Bild 62 zeigt den Spannungsverlauf U_{A1} beim Abtasten eines Profils mit drei unterschiedlichen Werkzeugdurchmessern. Der im 1. Abtastzyklus mit d_{w1} = 12 mm gewonnene Spannungsverlauf dient als Bezugsfunktion. Im 2. und 3. Abtastzyklus wird im Antastpunkt P_1 der Differenzbetrag T_{wr} gemessen und bei den weiteren Meßwerten entsprechend Gl.12 berücksichtigt.
Im Bereich der Anschrägung entsteht dabei ein dem Werkzeugverschleiß T_{wr} proportionaler Abtastfehler. Dieser führt beim anschließenden Bearbeiten mit dem Werkzeugdurchmesser d_w zu einer zusätzlichen Restgrathöhe ($d_w < d_{w1}$) oder zu einer Beschädigung des Werkstückes ($d_w > d_{w1}$). Legt man einen maximalen

Verschleiß von T_{wr} = 10 mm und einen maximalen Abtastfehler von 1 mm zugrunde, so ist ein Winkel zwischen Abtastrichtung und Oberflächennormale von $|\varkappa| < 25^{o}$ zulässig. Dieser zulässige Winkelbereich kann jedoch durch eine entsprechende Orientierung der Handachsen auch bei mehrdimensional gekrümmten Konturen eingehalten werden.

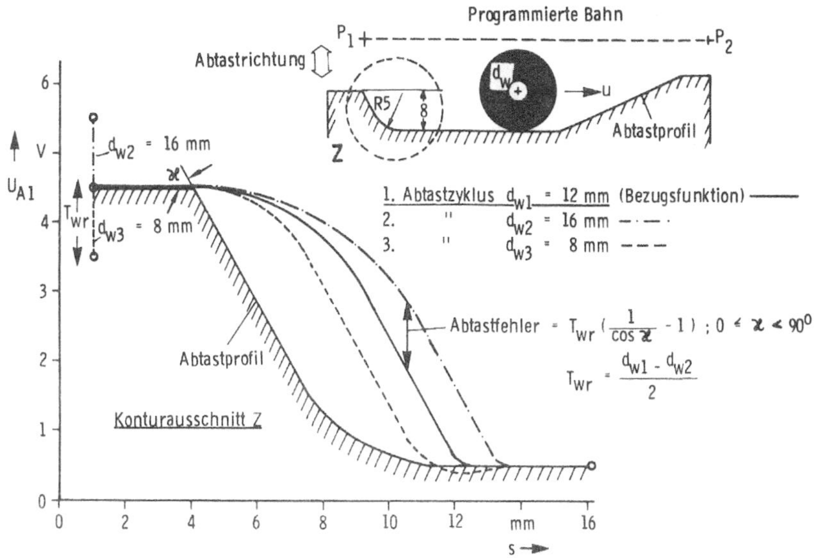

Bild 62: Fehlereinfluß durch Abtasten mit unterschiedlichen Werkzeugradien

8.4.2 Optimierung der Reglerkennlinie und der Abtastperiode

Das dynamische Verhalten der Regelstrecke wird im wesentlichen bestimmt durch die Zeitkonstante des U/p-Wandlers. Diese wurde bei einem nachgeschalteten Luftvolumen von 500 cm^3 zu 1,3 s ermittelt. Da alle anderen Zeitkonstanten der Strecke (z.B. D/A-Wandler) sehr viel kleiner sind, kann die Strecke mit genügender Näherung durch eine Verzögerung 1. Ordnung mit Totzeit charakterisiert werden. Geeignete Algorithmen zur Regelung derartiger Regelstrecken sind in /55/ dargestellt.

Die Versuche zeigten, daß ein Algorithmus mit proportionalem Verhalten (s. Bild 63) ausreichend ist. Der konstante Anpreßdruck im Bereich $h_g < 0{,}5$ mm vermindert die beim Proportional-Regler typische Regelabweichung und verhindert das bei kleinen Anpreßdrücken auftretende Schwingen des Werkzeuges. Der Verstärkungsfaktor $\Delta p/\Delta h_g$ kann abhängig vom zu zerspanenden Werkstoff und der zu erwartenden Gratfußbreite b_g optimiert werden (s. Bild 63).

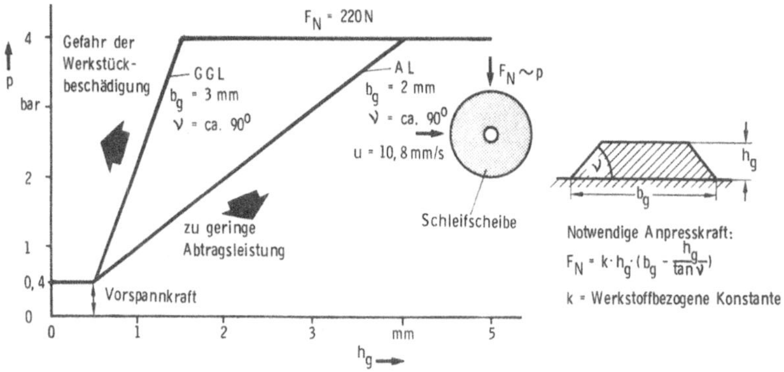

Bild 63: Optimierte Reglerkennlinie für GGL-und AL-Werkstücke

Neben dem Verstärkungsfaktor $\Delta p/\Delta h_g$ hat insbesondere auch die Abtastperiode des digital arbeitenden Regelkreises einen wesentlichen Einfluß auf das erreichbare Bearbeitungsergebnis. Die Größe der Abtastperiode bestimmt die Anzahl der pro Zeiteinheit abgespeicherten Sollwerte und somit den Speicherbedarf des Sensorrechners. Diese Tatsache erfordert einerseits eine möglichst große Abtastperiode. Diese darf andererseits aus regelungsdynamischen Gründen auch nicht zu groß gewählt werden, da sonst Störgrößen (z.B. Gratabsatz) nicht schnell ausgeregelt werden können. Zur Ermittlung der optimalen Abtastperiode wurde das dynamische Verhalten des Systems mit variierender Abtastperiode bei einer sprunghaften Änderung der Grathöhe h_g untersucht (s. Bild 64).

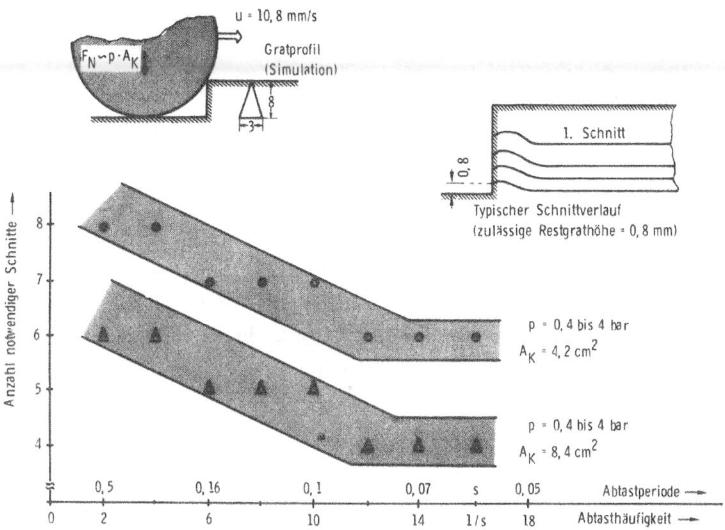

<u>Bild 64:</u> Abhängigkeit der notwendigen Schnittanzahl von der Abtastperiode

Bild 64 zeigt Versuchsergebnisse mit unterschiedlichen Abtastperioden bei der Bearbeitung eines Absatzes mit h_g = 8 mm. Die zum Erreichen der festgelegten Restgrathöhe h_g = 0,8 mm notwendige Schnittanzahl erreicht bei einer Abtastperiode von 0,083s (≙ 12 Abtastwerte pro Sekunde) ein Minimum. Eine weitere Verringerung der Abtastperiode bringt aufgrund der großen Zeitkonstante des U/p-Wandlers keine weitere Reduzierung der Schnittanzahl.

Legt man für die Speicherung der Abtastwerte im Sensorrechner einen Adressbereich von 10^4 byte (1 byte = 8 bit) zugrunde, so können bei der oben ermittelten Abtastperiode die Abtastwerte von mehr als 9 m Konturlänge abgespeichert werden. Zur Speicherung der Abtastwerte ist somit auch bei extremen Konturlängen der Arbeitsspeicher verfügbarer Mikroprozessorsysteme ausreichend.

8.4.3 Anwendungsbeispiel und Einsatzkriterien

Die Anwendung des Sensors zur prozeßbegleitenden Grathöhenmessung soll exemplarisch an einem Gußwerkstück, das eine sehr unterschiedliche Grataussprägung (A_g = 0÷12 mm^2) an der Formteilung aufweist, aufgezeigt werden (s. Bild 65). Vorversuche zeigten, daß aufgrund der stark variierenden Gratquerschnitte und des auftretenden Werkzeugverschleißes mit Werkzeugaufhängungen mit passiver Nachgiebigkeit kein zufriedenstellendes Bearbeitungsergebnis erreicht werden kann.
Der im folgenden beschriebenen Versuchsdurchführung liegt die in Bild 49 dargestellte Sensor-Werkzeugeinheit mit einem zylinderförmigen Schleifstift (d_s = 30 mm) zugrunde. Für die Grobprogrammierung des Musterwerkstückes ist die Eingabe von ca. 20 Stützpunkten ausreichend, so daß damit gegenüber einer exakten Konturprogrammierung (ca. 60 Stützpunkte) eine wesentliche Reduzierung des Programmieraufwandes erreicht wird. Die Vorschubgeschwindigkeit beträgt 10,8 mm/s und die Abtastfrequenz des Linearpotentiometers 12 Hz, so daß alle 0,9 mm der Istwert des Potentiometers im Speicher des Sensorrechners abgelegt wird. Der Anpreßdruck beim Abtasten beträgt 2 bar.

Beim darauffolgenden Bearbeitungsprozeß sind aufgrund der relativ großen Grataussprägung 3 Schnitte notwendig. Bild 65 zeigt den Abtastvorgang an einem Konturausschnitt sowie das erreichbare Bearbeitungsergebnis.

Das beschriebene Sensorprinzip eignet sich für die Bearbeitung ein- oder zwei-dimensional gekrümmter Gratfußflächen, die an ca. 75 % des untersuchten Werkstückspektrums auftreten. Durch die Programmierung mittels eines Musterwerkstückes kann insbesondere bei derartigen Gratfußflächen die Anzahl der zu programmierenden Konturpunkte erheblich verringert werden. Das Abtastprinzip begrenzt durch die große Zeitkonstante des verwendeten U/p-Wandlers die Vorschubgeschwindigkeit auf ca. 20 mm/s, so daß der Sensor bei kleinen Gratquerschnitten und hoher Vorschubgeschwindigkeit (z.B. kleine Druckgußteile) nicht optimal eingesetzt werden kann ($A_{g(m)} > 2$ mm).

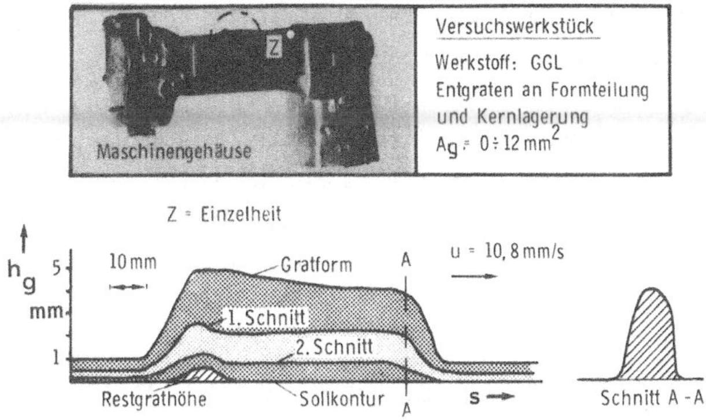

geforderte Bearbeitungsqualität		Bearbeitungsergebnis
Kriterium	zul. Toleranzbereich	
Restgrathöhe	0 ÷ 0,5 mm	0,4 mm
Oberflächenwelligkeit, Rauhtiefe	keine quantitative Angabe, Sichtprüfung	im zulässigen Bereich
Materialabtrag von der Sollkontur	0 ÷ 0,3 mm	ca. 0,2 mm

Bild 65: Bearbeitungsergebnis mit dem Sensor zur prozeßbegleitenden Grathöhenmessung

Läßt man einen Winkel von 25° zwischen Abtastrichtung und Oberflächennormalen zu, so muß beim Abtasten von Vollkreisen eine 8-malige Orientierungsänderung der Handachsen erfolgen. Aufgrund dieses zusätzlichen Programmieraufwandes ist der Sensor nur bedingt für rotationssymmetrische Konturelemente geeignet.

Durch das direkte Meßverfahren läßt sich die Grathöhe relativ genau im Bereich von 0,5 ÷ 40 mm bestimmen. Diese Tatsache ermöglicht eine Anwendung des Sensors auch bei hohen Anforderungen an die Oberflächengeometrie. Die durchgeführten Versuche zeigen, daß Grate mit $h_g > 5$ mm bis auf eine Restgrathöhe von 0,3 mm zerspant werden können. Ein radialer Werkzeugverschleiß von $T_{wr} > 10$ mm kann kompensiert werden und beeinträchtigt das

Bearbeitungsergebnis nicht. Bei steilen Gratflanken tritt eine relativ große Restgrathöhe auf, die jedoch durch eine kleinere Verfahrgeschwindigkeit oder eine kleinere Zeitkonstante des U/p-Wandlers verringert werden kann.

Der Einsatz des Sensors erfordert keine besondere Sensorschnittstelle, da der Regelkreis des Sensorsystems unabhängig von der PHG-Steuerung arbeitet, so daß die Forderung nach einer einfachen mechanischen und steuerungstechnischen Integration des Sensors erfüllt ist.

8.5 Abgrenzung des Anwendungsbereiches elastischer Werkzeugaufhängungen und Sensoren

Die durchgeführten Versuche zeigen die Möglichkeiten und die Grenzen der Anwendung von elastischen Werkzeugaufhängungen und Sensoren an einzelnen Versuchswerkstücken auf. Dabei wurden verschiedene werkstückspezifische Voraussetzungen für einen Einsatz und für eine Ausnützung der spezifischen Leistungsmerkmale ersichtlich. Durch eine Überprüfung dieser Voraussetzungen an dem untersuchten Werkstückspektrum kann der mögliche Anwendungsbereich der elastischen Werkzeugaufhängungen und der Sensoren aufgezeigt und gegeneinander abgegrenzt werden (s. Bild 66). Bild 66 zeigt, daß der prozentuale Anwendungsbereich der einzelnen Teilsysteme nur innerhalb grob definierter Schranken angegeben werden kann. Für eine exakte Abgrenzung des Anwendungsbereiches der Teilsysteme müssen neben den werkstückspezifischen auch alle PHG-spezifischen und werkzeugspezifischen Einflußfaktoren berücksichtigt werden.

Der Anwendungsbereich von Teilsystemen mit passivem Toleranzausgleich ist auf ein relativ kleines Werkstückspektrum begrenzt. Stochastische Einflüsse, wie z.B. stark variierende Gratquerschnitte ($A_{g(max)} / A_{g(m)} > 3$), können nicht genügend berücksichtigt werden. Die Anwendung setzt eine relativ große Auflagenbreite b_a des Werkzeuges voraus. Trotz dieses eingeschränkten Anwendungsbereiches werden diese Teilsysteme bei der Erschließung des Anwendungsbereiches "Gußputzen" eine bedeutende Rolle spielen, da sie einen einfachen Systemaufbau ermöglichen.

Teilsysteme zum Toleranzausgleich	Wichtige werkstückspezifische Vorraussetzungen für: einen Einsatz *	eine Ausnützung der spez. Leistungsmerkmale	Mögl. Anwendungsbereich bez. des untersuchten WST-Spektrums / geeignetes Werkstückspektrum (Beispiele)
ELASTISCHE WERKZEUGAUFHÄNGUNGEN (Passiver Ausgleich)			
Einstellbare Nachgiebigkeit 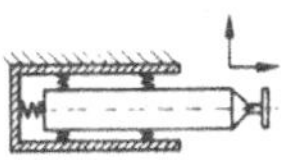	$T_A + T_F + T_{wr} < 4\ h_{g(zul)}$ $b_a > 5....\ 10\ b_g$ $A_{g(max)}/A_{g(m)} < 3$		ca. 5...15 % Kleine Kokillen- oder Druckgußwerkstücke mit gleichmäßig kleiner Gratausprägung. Entfernen des Angußsystems i.d.R. nicht möglich.
Programmierbare Nachgiebigkeit 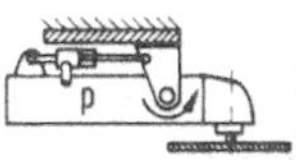	$b_a > 10\ b_g$	$A_{g(max)}/A_{g(m)} > 3$, bekannte Position der großen Gratquerschnitte	ca. 10...20 % Werkstücke mit variierender, aber bekannter Gratausprägung. Breite Auflage (b_a) des Werkzeuges erforderlich.
SENSOREN (Aktiver Ausgleich)			
Kraft-/Moment-aufnehmer 	$h_{g(zul.)} > 1$ mm bei $b_a < 5\ b_g$ $h_{g(zul.)} > 0,4$ mm bei $b_a > 5\ b_g$	Variable Gratausprägung: $A_{g(max)}/A_{g(m)} > 4...10$ Große Gratquerschnitte $A_g > 2\ mm^2$	ca. 35...60% Werkstücke mit stark variierender Gratausprägung, z.B. Sandguß. Nicht geeignet bei hohen geom. Anforderungen.
Taktile Zeilen-/ Matrix-Sensoren 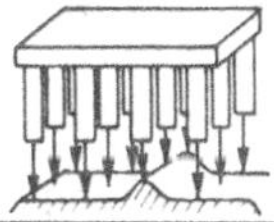	"kritische Stellen" (stark variierender Grat) müssen bekannt sein. Ebene und schwach gekrümmte Oberflächen (Zugänglichkeit)	hohe Anforderungen an Oberflächengeometrie, wie z.B. Knick- und Absatzfreiheit. $h_{g(zul.)} < 0,5$ mm	15...30 % Werkstück mit Gratverlauf auf Sichtfläche, keine komplexen Werkstückoberflächen (z.B. Hinterschneidungen)
Sensor zur prozessbegleitenden Grathöhenmessung 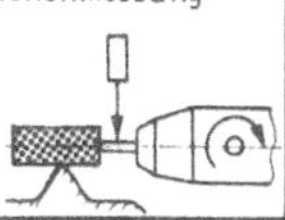	$A_{g(m)} > 2\ mm^2$ geringer Anteil kreisförmiger Konturen	$h_{g(zul.)} < 0,5$ mm gekrümmte Gratfußflächen (Reduzierung des Programmieraufwandes).	50...70 % universeller Anwendungsbereich bei Kokillen-, Druckguß-, und Sandgußwerkstücken.

* Beschränkung auf Fräs- und Schleifwerkzeuge

Bild 66: Werkstückspezifische Einsatzvoraussetzungen und Anwendungsbereiche von elastischen Werkzeugaufhängungen und Sensoren

Der Anwendungsbereich kann dabei durch eine Beschränkung auf spezielle, die Anforderungen erfüllende Konturabschnitte vergrößert werden.

Der Kraft- und Momentaufnehmer ermöglicht dagegen einen PHG-Einsatz auch bei variabler Gratausprägung ($A_{g(max)} / A_{g(m)} > 4..10$) und besitzt somit - gegenüber elastischen Werkzeugaufhängungen- einen größeren Anwendungsbereich. Da es sich hierbei um eine technologische Meßgröße handelt, kann nur bedingt eine exakte Oberflächengeometrie erreicht werden. Insbesondere ist bei einem kleinen Verhältnis b_a/b_g die erreichbare Restgrathöhe beschränkt (ca. 1 mm). Eine kleine Grathöhe wird nur ermöglicht an Werkstücken mit einer ausgeprägten Auflagenfläche ($b_a/b_g > 5$) so daß am Gratfuß ein deutlicher Schnittkraftanstieg erfolgt. Der Kraft- und Momentaufnehmer wird deshalb vorwiegend bei Werkstücken mit großen und stark variierenden Gratquerschnitten ($A_g > 2$ mm^2) und geringen Anforderungen an die Oberflächengeometrie eingesetzt werden.

Der Anwendungsbereich der taktilen Zeilen- und Matrixsensoren liegt bei Werkstücken, die aus ästhetischen Gründen entgratet werden und durch hohe Anforderungen an die Oberflächengeometrie gekennzeichnet sind. Aufgrund der begrenzten Auflösung in Gratquer- und Gratlängsrichtung können derartige Sensoren jedoch die Sichtprüfung,wie sie beim Verschleifen von Radien oder beim Polieren notwendig ist, nicht ersetzen.

Der Sensor zur prozeßbegleitenden Grathöhenmessung ist im Gegensatz zu den anderen Teilsystemen bei variierender Gratausprägung, beim Auftreten der Toleranzen T_A und T_F und bei hohen Oberflächenanforderungen einsetzbar. Durch diesen universellen Charakter des Sensors wird eine Anwendung bei über 50 % der Werkstücke ermöglicht.

Die aufgezeigten Teilsysteme zum Toleranzausgleich haben einen teilweise überlappenden Anwendungsbereich,aber ergänzen sich auch bezüglich der spezifischen Leistungsmerkmale, so daß im Einzelfall auch eine Kombination verschiedener Teilsysteme ein optimales Bearbeitungsergebnis ermöglicht.

9 Zusammenfassung und Ausblick

Die Gußputzerei stellt bis heute einen personalintensiven Arbeitsbereich dar, in dem eine hohe physische Beanspruchung der Arbeitskräfte bei gleichzeitig belastenden Umweltfaktoren kennzeichnend ist.
Der Einsatz von programmierbaren Handhabungsgeräten zur Werkzeug- oder Werkstückhandhabung scheiterte bisher oft an den variierenden Gratausprägungen und den Toleranzen des Gußwerkstückes. In der vorliegenden Arbeit werden neu entwickelte Sensoren und elastische Werkzeugaufhängungen beschrieben, die eine Kompensation dieser Toleranzen ermöglichen.

Aufbauend auf einer Analyse des Werkstückspektrums und der Bearbeitungsverfahren in verschiedenen Gußputzereien werden Art und Umfang der toleranzhaltigen Einflußgrößen aufgezeigt und Anforderungsprofile für Sensoren erstellt. Zur Integration dieser Sensoren in die PHG-Steuerung müssen die dargestellten steuerungsspezifischen Voraussetzungen erfüllt sein.

Mit den aufgezeigten elastischen Werkzeugaufhängungen kann ein einfacher Systemaufbau ohne anwendungsspezifische Steuerungseinrichtungen realisiert werden. Sie ermöglichen ein Entgraten von Kokillen- oder Druckgußwerkstücken, sofern diese eine gleichmäßige Gratausprägung und geringe Formtoleranzen aufweisen.
Durch eine programmgesteuerte Beeinflussung der Federkonstante und des Anpreßdruckes kann das Anwendungsgebiet der elastischen Werkzeugaufhängungen auch auf Werkstücke mit variierender Gratausprägung erweitert werden. Aufgrund der für einen Einsatz notwendigen, werkstückspezifischen Voraussetzungen sowie der fehlenden Programmierunterstützung und Prozeßüberwachung ist der Anwendungsbereich derartiger Systeme zum passiven Toleranzausgleich auf weniger als 20 % des untersuchten Werkstückspektrums begrenzt.

Als Grundlage für die Konzeption von Sensoren wurden mögliche Meßgrößen im Hinblick auf ihre meßtechnische Erfaßbarkeit und Aussagefähigkeit bewertet. Besondere Bedeutung haben dabei Kraft- und Momentsensoren sowie Sensoren zur Erfassung der Oberflächengeometrie, da sie den Aufbau von geeigneten technologischen und geometrischen Adaptive-Control-Systemen ermöglichen.

Zur Erfassung der Schnittkräfte wurden im Rahmen der Arbeit vier Mehrkomponentenaufnehmer mit unterschiedlicher Zielsetzung und unterschiedlichem Meßbereich entwickelt. Die Kraft- und Momentsensoren ermöglichen eine Bahnkorrektur parallel zur Schnittkraft, so daß eine aufwendige Eingabe der Korrekturrichtung entfällt. Die Integration eines derartigen Sensors in die PHG-Steuerung und dessen Anwendung erfordert jedoch einen erheblichen geräte- und rechentechnischen Aufwand.

Eine systematische Bewertung verschiedener Meßprinzipien zur Erfassung der Gratausprägung führte zu der Entwicklung von geometrieverarbeitenden Sensoren. Die Erprobung an unterschiedlichen Gußwerkstücken zeigte, daß derartige Sensoren Grathöhen von ca. 0,3 mm erkennen und somit bei erhöhten Anforderungen an die Oberflächengeometrie eingesetzt werden können. Die auftretenden Gußtoleranzen sowie der radiale Werkzeugverschleiß können durch entsprechende Algorithmen in der Sensorsignalverarbeitung berücksichtigt werden. Die Eingabe der Sollkontur erfolgt durch Abtasten eines entgrateten Musterwerkstückes, so daß über die dadurch ermöglichte Programmierunterstützung eine einfache Bedienung des Sensors gewährleistet ist.

Zur Abgrenzung der Anwendungsbereiche der entwickelten Systeme wurden Versuche an einem breiten Werkstückspektrum durchgeführt. Daraus wurde ersichtlich, daß die üblicherweise beim Gußputzen auftretenden stochastischen Einflüsse mittels Sensoren erfaßt werden können und somit eine werkstückvariable Führung des Zerspanungsprozesses ermöglicht wird. Dadurch kann mit Sensoren ein, im Vergleich zu elastischen Werkzeugaufhängungen, größerer Anwendungsbereich für PHG erschlossen werden.

Laufende Entwicklungsarbeiten deuten darauf hin, daß zukünftige PHG-Steuerungen standardisierte Sensorschnittstellen und Programmierfunktionen zur Unterstützung verschiedener Sensorsysteme haben werden und somit eine Voraussetzung für den Einsatz von adaptiv-geführten PHG in der Praxis geschaffen sein wird.

Die dargelegten Entwicklungen auf dem Gebiet der Sensortechnik stellen somit einen Schritt zur Erweiterung eines Einsatzgebietes für PHG und die damit verbundene Möglichkeit zur flexiblen Automatisierung der Gußputzerei dar.

10 Literaturverzeichnis

1. Engels, G.; Klingenstein, W.: Rationalisierung der Gußputzerei. Düsseldorf: Gießerei-Verlag, 1973. VDG-Taschenbuch.

2. Nicolaisen, P.: Auswirkungen steigender Automatisierung auf die Arbeitssicherheit. f+h-fördern und heben 27 (1977) 7, S. 66 - 69.

3. Walther, C.; Gärtner, W.; Orths, K.: Aufwendungen für häufigste Tätigkeiten beim Putzen und Betrachten der Einflußgrößen. Gießerei 68 (1981) 6, S. 152-159.

4. Schäfer, R.: Entgraten. Mainz: Krausskopf 1975. (Produktionstechnik heute; Bd. 14).

5. Weck, M.: Untersuchung der Einsatzmöglichkeiten der NC-Technik bei der Putzbearbeitung. (VDG-Fachbericht; 029) Aachen 1980.

6. Pavlowsky, R.; Wuest, H.: Zur Entwicklung der automatischen Rohgußbearbeitung. Gießerei 66 (1979) 8, S. 213-216.

7. Mielke, D.: Der Roboter putzt den Guß. VDI-Nachrichten 34 (1980) 36, S. 6.

8. Schweizer, M.: Industrieroboter-Anwendung in der Bundesrepublik Deutschland. wt-Z. ind. Fertig. 72 (1982) Nr. 3, S. 142-144.

9. Warnecke, H.-J.; Schraft, R.-D.: Industrieroboter, 2. Aufl. Mainz: Krausskopf, 1979 (Produktionstechnik heute; Band 4).

10. Bolle, H.H.: Einsatz eines Industrieroboters zum Gußputzen. Gießerei 67 (1980) 15/16, S. 492-495.

11. Munson, E.: Foundries, robots and productivity. Proceedings of the 10th International Symposium on Industrial Robots, Stuttgart 1980, S. 303-320.

12. Warnecke, H.-J.; Schraft, R.-D.; Abele, E.: Pilot installation for fettling of castings with industrial robots - basic equipment, strategies, experiments and results. Proceedings of the 11th International Symposium on Industrial Robots, Tokyo 1981.

13. Becker, H.: Stand und Trends in der Steuerungstechnik für Industrieroboter. Siemens-Energietechnik 2 (1980) Heft 9, S. 376-379.

14. NN: ASEA Industrierobotersystem-Adaptive Steuerung. Info-Nr. YB 110-318, Västeras 1979.

15. Schweizer, M.: Taktile Sensoren für programmierbare Handhabungsgeräte. Universität Stuttgart, Dr.-Ing. Diss., 1978.

16. Bretschi, J.: Intelligente Meßsysteme zur Automatisierung technischer Prozesse. München: Oldenbourg, 1979.

17. Ahrens, U.: Sensortechnik: Schlüssel für die Industrieroboter. Elektronik 20 (1982) 6, S. 21 - 22.

18. Wörn, H.; Sedlmaier, N.: Anwendung der Mikroelektronik in der Handhabungstechnik. Düsseldorf: VDI-Verlag, 1980, S. 55-62. (VDI-Bericht; Nr. 379)

19. Spur, G.: Beitrag zur Schnittkraftmessung beim Bohren mit Spiralbohrer unter Berücksichtigung der Radialkräfte. TH Braunschweig, Dr.-Ing. Diss., 1960.

20. Sack, W.: Prozeßüberwachung des Bohrvorganges durch Vorschubkraftmessung. TH Darmstadt, Dr.-Ing. Diss., 1978.

21. Stute G.; Maier, K.; Schenke, L.: Adaptive Control bei Werkzeugmaschinen. Zusammenstellung der Literatur. VDW-Forschungsbericht Nr. 1004. Stuttgart 1972.

22. Müller, W: Ein Beitrag zur Entwicklung von Sensoren für adaptive Regelungssysteme bei spanenden Werkzeugmaschinen. RWTH Aachen Dr.-Ing. Diss., 1976.

23. Leonards, F.: Prozeßlenkungssysteme für die Drehbearbeitung. KFK-PDV-Bericht Nr. 82. Gesellschaft für Kernforschung mbH. Karlsruhe 1976.

24. Whitney, D.: Force Feedback Control of Manipulator Fine Motions. Transactions of the ASME, Ser. G. Journal of Dynamic Systems, Measurement and Control. (1977) S. 91 - 97.

25. Nevins, J. L.; Whitney, D. E.: The force vector assembler concept. 1st CISM IFTOMM Symposium, Udine, 5. - 8. Sept. 1973. Vol. II, Berlin: Springer 1973, S. 273-288.

26. Goto, T. et. al.: Precise insert operation by tactile controlled robot. 2nd Conference on Industrial Robot Technology, University of Birmingham, March 27th - 29th 1974, Kempston: International Fluidics Services, 1974.

27. Autorenkollektiv: A six-component stand for thrust vector control experiments. Ministery of Technology, USA. Rocket Propulsion Establishment, Technical Report Nr. 67/12, Sept. 1967.

28. Helms, D.: Entwicklung eines Sechs-Komponenten-Kraft-Moment-Aufnehmers. Feinwerktechnik und Meßtechnik 85 (1977) 1, S. 482 - 486.

29. Schmieder, L.: Kraft-Moment-Fühler. Technische Unterlagen. DFVLR-Institut für Dynamik der Flugsysteme, Oberpfaffenhofen, 1978.

30. Hirzinger, G; Thiessen, C.: Roboter mit Kraft-Momenten-Fühlern. Regelungstechnische Praxis 24 (1982) 2, S. 35 - 40.

31. NN: Eine neue Generation des Kraftmeßgebers. Broschüre der Fa. ASEA Nr. YM 21 - 101 T. Västeras 1980.

32. Stute, G.; Erne, H.: The control design of an industrial robot with advanced tactile sensitivity. Proceedings of the 9th International Symposium on Industrial Robots, Washington, 1979.

33. Page, C. J.; Pugh. A.; Heginbotham,W.B.: Novel Techniques for Tactile Sensing in a Three-Dimensional Environment. Proceedings of the 6th International Symposium on Industrial Robots, Tokyo, 1976. S. C4-33 ... C4-46.

34. DIN 1988, Blatt 1: Gußrohteile aus Leichtmetallegierungen, Freimaßtoleranzen. Berlin, Köln: Beuth, 1974.

35. DIN 1685: Gußrohteile aus Gußeisen mit Kugelgraphit, Allgemeintoleranzen. Berlin, Köln: Beuth, 1978.

36. Schraft, R.-D.: Systematisches Auswählen und Konzipieren von programmierbaren Handhabungsgeräten. Universität Stuttgart, Dr.-Ing. Diss., 1977.

37. Abele, E.: Entgraten von Werkstücken mit Industrieroboter. TÜ 20 (1979) 11, S. 413 - 418.

38. NN: Industrieroboter IR 601/60 Maschinenbeschreibung.
Firmenzeitschrift der Fa. KUKA,
Augsburg 1980.

39. Spur, G.; Stute, G.; Weck, M.: Rechnergeführte Fertigung.
München: Hanser 1977.

40. Kief, H.: NC-Handbuch 1980.
Michelstadt: NC-Handbuch-Verlag, 1980.

41. Hohn, R.: Application flexibility of a computer-controlled industrial robot. Society of Manufacturing Engineers
MR 76-603, Michigan,USA 1979.

42. Brodbeck, B.: Untersuchung des Arbeitsverhaltens Programmierbarer Handhabungsgeräte.
Universität Stuttgart, Dr.-Ing. Diss., 1979.

43. Autorenkollektiv: Application Selection Guide.
Firmenschrift der Fa. Barry-Controls,
Bulletin C 5 - 178, 1978.

44. VDI-Richtlinie Nr. 3426.
Numerisch gesteuerte Arbeitsmaschinen.
Adaptive Control an spanenden Werkzeugmaschinen. Berlin, Köln: Beuth 1974.

45. Klingler, O.: Beitrag zur Steuerung spanender Werkzeugmaschinen mit Hilfe von Grenzregeleinrichtungen (ACC).
Universität Stuttgart, Dr.-Ing.
Diss., 1978.

46. Kronmüller, H.; Barakat, F.: Prozeßmeßtechnik. Berlin, Heidelberg, New-York: Springer, 1979.

47. Abele, E.: Adaptive controls for fettling of casting with industrial robots. Proceedings of the 1st International Conference on Robot - Vision and Sensory Controls, Stratford-upon-Avon. Kempston, Bedford: International Fluidics Services, 1981.

48. Löffler, W.: Schleifzentrum zur wirtschaftlichen, flächigen Bearbeitung. Werkstatt u. Betrieb 107 (1974) H. 3, S. 169 - 172.

49. Hoffmann, K.: Grundlagen der Dehnungsmeßstreifentechnik. Firmenzeitschrift der Firma Hottinger-Baldwin-Meßtechnik, Nr. VD 73004, 1973.

50. Autorenkollektiv: Dubbel. Taschenbuch für den Maschinenbau (Band 1). 13. Auflage. Berlin: Springer, 1970.

51. Bronstein, J.; Semendjajew, K.: Taschenbuch der Mathematik. Zürich, Frankfurt/M.: Deutsch 1971.

52. Burmeister, H.: Technologie und Wirtschaftlichkeit des Schleifens. Stuttgart: Grossmann-Verlag 1978.

53. Selzer, D. S.: Use of sensory information for improved robot learning. Proc. of the 8th North American Manufacturing Engineering Transactions, Dearborn, 1980. S. 64 - 68.

54. Rooks, B.W.: The fettling of castings - a job for industrial robots ? Proceedings of the 10th International Symposium on Industrial Robots, Mailand, 1980. S. 92 - 105.

55. Föllinger, O.: Lineare Abtastsysteme. München: Oldenbourg, 1974.

Lebenslauf

Persönliches:	Eberhard Abele geb. am 22.8.1953 in Wißgoldingen	
	Eltern: Otto Abele und Gertrud Abele, geb. Scheel	
Schulbildung:	1960 - 1964	Volksschule Wißgoldingen
	1964 - 1972	Parler-Gymnasium in Schwäbisch Gmünd
	22.Juni 1972	Reifeprüfung
Hochschulausbildung:	1972 - 1977	Studium des allgemeinen Maschinenbaus an der Universität Stuttgart (Fachrichtung Konstruktion und Fertigungstechnik). Vor und während des Studiums Praktikum bei der Firma Ritz Pumpen in Schwäbisch Gmünd. Während des Studiums insgesamt 5 Monate Tätigkeit als Konstrukteur bei der Fa. Werner & Pfleiderer, Stuttgart.
Berufstätigkeit:	seit 1.April 1977	Wissenschaftlicher Mitarbeiter im Fraunhofer-Institut für Produktionstechnik und Automatisierung (IPA) Stuttgart. Leitung: Prof. Dr.-Ing. H.J.Warnecke.
	seit 1.Februar 1983	Abteilungsleiter am Fraunhofer-Institut für Produktionstechnik und Automatisierung (IPA) Stuttgart.

GPSR Compliance

The European Union's (EU) General Product Safety Regulation (GPSR) is a set of rules that requires consumer products to be safe and our obligations to ensure this.

If you have any concerns about our products, you can contact us on ProductSafety@springernature.com

In case Publisher is established outside the EU, the EU authorized representative is:

Springer Nature Customer Service Center GmbH
Europaplatz 3
69115 Heidelberg, Germany

Batch number: 10682421

Printed by Printforce, the Netherlands